Make Your Own Neural Network

ニューラル
ネットワーク
自作入門

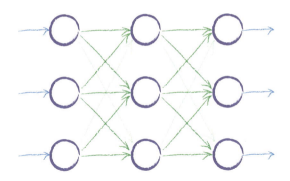

タリク　　　ラシド
Tariq Rashid [著]
しんのう　ひろゆき
新納 浩幸 [監訳]

MAKE YOUR OWN NEURAL NETWORK
Copyright©2016 by Tariq Rashid
Japanese translation rights arranged with Tariq Rashid, Twickenham, U.K. through Tuttle-Mori Agency, Inc., Tokyo

- 本書に記載された内容は情報の提供のみを目的としています。著者・翻訳者・出版社のいずれも本書の内容について何らかの保証をするものではなく、内容に関するいかなる運用結果についてもいっさいの責任を負いません。本書を用いての運用はすべて個人の責任と判断において行ってください。
- 原書の公式サイトは以下になります(英語)。本書で取り上げたデータなどは以下のサイトから入手可能です(サイトの管理・運営はすべて原著者で行っています)。
URL:
http://makeyourownneuralnetwork.blogspot.jp/
Github:
https://github.com/makeyourownneuralnetwork/makeyourownneuralnetwork
- 本書の動作確認や正誤に関するサポート情報を以下のサイトで提供していきます。
https://book.mynavi.jp/supportsite/detail/9784839962258.html
- 本書中に登場する会社名や商品名は一般に各社の商標または登録商標です。

はじめに

　近頃、ディープラーニング（深層学習）という技術が注目を集めています。関連書籍も多く出版されてきており、この本もそういった流れの中で登場した本です。

　この本は、「深層学習で○○ができる」という初心者の読み物ではありません。また、あちこちにプログラムや数式が見えますが、深層学習のアルゴリズムを数式やプログラムで解説した本とも異なります。位置的には、それらの中間より少し初心者側の本で内容はかなり教育的です。深層学習の基本となるニューラルネットワークについて、しっかり解説しています。ただ「しっかり」といっても数式を使うのではなく、実例からのイメージ的な話が主ですが、一歩ずつ丁寧に着実に解説しています。そのため読んだ後の納得感は高いと思います。

　ニューラルネットワークは結局は関数であり、学習はその関数のパラメータの推定です。数学的には回帰と呼ばれる問題です。この本は、1次元から1次元への関数の回帰、多次元から1次元への関数の回帰、多次元から多次元への関数の回帰、そして多次元から多次元への関数を合成した関数の回帰という流れで説明を行っています。

　といってもこれは本書を読んだ私の捉え方で、そういう用語が使われているわけではありません。ただ、私自身は、こういう流れの説明はとてもわかりやすく、感心しました。

　また Python を使ってニューラルネットワークのプログラムの作成方法を丁寧に示しているのも、この本の大きな特徴です。ここで行うようなデータ解析のプログラムを作るには、行列演算が必須です。通常、学校で教わるプログラミングでは行列演算は扱いませんが、行列演算のプログラムは簡単で強力です。この本では行列演算を利用して簡単にニューラルネットワークのプログラムを作っています。

　この本を利用して、行列演算のプログラムにも慣れることができれば、それだけでもこの本を読む価値はあります。

　訳が下手でわかりづらい部分があれば私の責任です。原著自体は本当に楽しい本で、英語が苦でなければ原著を読んでもよいでしょう。

　最後に本書の翻訳の機会を与えて下さったマイナビ出版の山口正樹 氏に感謝します。本書を訳すことで、確実に私の理解は深まりました。

新納浩幸（しんのう ひろゆき）

ニューラルネットワーク自作入門

Contents

プロローグ 8
- 0.1　知的マシンの探求 8
- 0.2　新しい黄金時代を感じさせるもの 9

イントロダクション 12
- この本は誰のため？ 12
- 何をするの？ 13
- どうやるの？ 14
- 執筆上、気をつけたこと 16

Part 1 どうやって動くのか ……………………… 17

- 1.1 自分には簡単だけど、相手にとっては困難 …………… 18
- 1.2 単純な予測マシン …………………………………… 20
- 1.3 分類と予測に大きな違いはない …………………… 27
- 1.4 単純な分類器の学習 ………………………………… 31
- 1.5 時として1つの分類器では不十分 ………………… 42
- 1.6 ニューロン、自然界の計算機 ……………………… 48
- 1.7 ニューラルネットワークを通る信号の追跡 ……… 58
- 1.8 行列の掛け算は有益…本当です！ ………………… 63
- 1.9 行列の掛け算を扱った3層の例 …………………… 71
- 1.10 2つ以上のノードからの重みの学習 ……………… 80
- 1.11 出力層のさらに多くのノードからの誤差逆伝播 … 83
- 1.12 さらに多くの層への誤差逆伝播 …………………… 86
- 1.13 行列の掛け算による誤差逆伝播 …………………… 91
- 1.14 実際にどうやって重みを更新するの？ …………… 95
- 1.15 重み更新の実行例 …………………………………… 115
- 1.16 データの準備 ………………………………………… 117

Part 2 Pythonでやってみよう ... 123

- 2.1 Python ... 124
- 2.2 インタラクティブなPython＝IPython ... 125
- 2.3 とてもやさしいPython入門 ... 127
- 2.4 Pythonでニューラルネットワーク ... 154
- 2.5 手書き数字のMNISTデータセット ... 175

Part 3 もっと楽しく ... 213

- 3.1 自身の手書き文字 ... 214
- 3.2 ニューラルネットワークの心の中 ... 218
- 3.3 回転による新しい訓練データの作成 ... 224

付録 A 微分のやさしい導入 ... 229

- A.1 平らな直線 ... 231
- A.2 傾斜のある直線 ... 234
- A.3 曲線 ... 236
- A.4 手作業による微分 ... 239
- A.5 手作業ではない微分 ... 241
- A.6 グラフを描かずに微分 ... 245
- A.7 微分の規則 ... 249
- A.8 関数の関数 ... 251
- A.9 微分計算ができた ... 254

付録 B Raspberry Piでやってみよう ... 255

- B.1 IPython のインストール ... 257
- B.2 動くことの確認 ... 266
- B.3 ニューラルネットワークの学習とテスト ... 267
- B.4 Raspberry Piで成功！ ... 268

エピローグ ... 269
INDEX ... 270

■ プロローグ

プロローグ

0.1 知的マシンの探求

　何千年もの間、我々人類は自分の知能がどのように動いているかを理解しようとし、そしてそれをある種の機械（考える機械）で再現しようとしてきました。

　単純な作業を補助する機械式あるいは電子的な道具、例えば火をおこす石、重い岩を運ぶ滑車、あるいは算術を行う計算機などはできましたが、それでは満足できません。

　そうではなく、もっと挑戦的で複雑な作業、例えば似ている写真を分類したり、病気になっている細胞と健康な細胞を区別したり、チェスでまともな試合をするようなことを自動で行いたいのです。上記のような作業は人間の知能を必要とするように見えます。知能ではないにしろ、少なくとも計算機のような単純な機械には見られない人間のもっと神秘的で奥の深い能力が必要でしょう。

　人間のような知能を持ったマシンというのは魅惑的かつ力強い考えです。それは我々の文化がそのようなマシンに対する空想と恐怖に満ちていることからも分かります。例えば、非常に能力はあるが本質的には恐ろしいスタンリー・キューブリックの「2001年宇宙の旅」での HAL 9000、はやりのアクション映画「ターミネーター」でのロボット、そして昔のテレビドラマ「ナイトライダー」でのクールな個性を持って話す自動車 KITT などがありました。

　ガルリ・カスパロフ（チェスの現世界チャンピオンかつグランドマスター）が

1997年に IBM の Deep Blue に負けたとき、歴史的な快挙を祝福するのと同じくらいに、機械の知能の潜在能力に恐怖を感じました。

また知的な機械に対する願望がとても強いため、ごまかそうとする誘惑に負けてしまう人もいました。悪名高き機械式チェスマシン Turk（トルコ人形）は、単にキャビネットの中に人が隠れていただけでした。

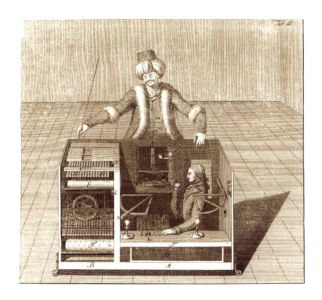

 新しい黄金時代を感じさせるもの

　1950年代、人工知能という用語が生み出されたとき、人工知能に対する楽観と熱望は大きく舞い上がりました。当初、コンピュータが単純なゲームを行ったり、定理を証明したりすることに成功しました。そのため人間レベルの知能を持った機械が数10年以内に現れることを確信した人もいました。

　しかし人工知能は困難な問題であることが判明し、その発展は行き詰まりました。1970年代、人工知能に対する熱望への学術的な挑戦は壊滅的になり、その後、財源の削減や興味喪失が続きました。

■ プロローグ

　生物学的な脳の処理を通して得られる、時としてあいまいで、しかも繊細な有機的なものを、0と1からなる冷たい論理回路の機械は生み出せないように見えました。

　ほとんど進展しない期間の後、ある非常に力強いアイデアが機械の知能に対する探求をその轍から抜け出させました。現実の生物学的な脳がどのように動いているかを模倣することによって、人工的な脳を構築してみよう！

　論理ゲートの代わりにニューロンを持つ現実の脳は、絶対主義者の伝統的なアルゴリズムが行う冷たく堅い、黒か白かのはっきりとした区別ではなく、よりソフトで有機的な推論を行っているのです。

　科学者たちはミツバチやペンギンの脳が、彼らの行う複雑なタスクに比べて、明らかに簡素であることに気がつきました。数グラムの脳が飛行を操縦したり、風に適応したり、食物と捕食者を区別し飛ぶか逃げるかを即座に決定したりすることができるように見えます。現在大規模で安価なリソースを持つコンピュータはこういった脳をまねたり改善したりすることができるのでしょうか？ミツバチは約95万個のニューロンを持っていますが、ギガバイトやテラバイト単位のリソースを持つ現在のコンピュータはミツバチを打ち負かすことができるのでしょうか？

　巨大な補助記憶や超高速のプロセッサを持つ現在のコンピュータであっても、従来の問題解決のアプローチを使うのであれば、鳥やミツバチの比較的小規模な脳が行っていることさえまねることはできないでしょう。

　ニューラルネットワークは生物学的に触発された知的な計算に対する原動力から登場しました。そして今日、それは人工知能の分野で最もパワフルで有用な手法の1つになっています。GoogleのDeepmind社はコンピュータ自身がビデオゲームのやり方を学習するという魅惑的偉業を達成し、信じられないほど複雑なゲームである囲碁で、その世界チャンピオンを初めて負かしました。これらの基本となっているのはニューラルネットワークです。ニューラルネットワークは既に日常の技術の中核に存在しています。例えば、車のナンバープレートの自動認識や手紙に手で書かれている郵便番号を読み取るといった技術にもニューラルネットワークが使われています。

この本はニューラルネットワークに関するものです。ニューラルネットワークがどのように動くかを理解し、手書き数字を認識できるあなた自身のニューラルネットワークを作ります。手書き数字の認識は従来の計算のアプローチでは非常に難しいタスクです。

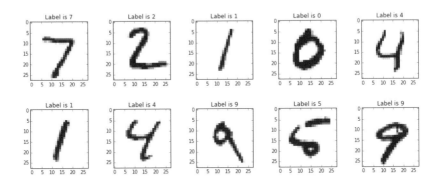

■ イントロダクション

イントロダクション

この本は誰のため？

　この本はニューラルネットワークが何かを知りたい人のための本です。そしてニューラルネットワークを作り、利用したい人のための本です。そしてニューラルネットワークがどのように動くかの核となる極めて容易な、しかし、心躍るような数学的なアイデアを理解したい人のための本です。

　この本は数学やコンピュータの専門家を対象にしていません。この本を読むのに、高校数学以上の数学の能力や専門的な知識は必要ありません。

　四則演算ができるなら、自分でニューラルネットワークを作ることができます。この本で扱う最も難しいものは勾配計算ですが、できるだけ多くの読者が理解できるように、その概念を説明します。

　この分野に興味を持っている読者やあるいは学生は、人工知能のさらにエキサイティングな領域を探求するためにこの本を利用したいと思うかもしれません。ひとたびニューラルネットワークの基本を理解すれば、様々なタイプの問題にこの核となるアイデアを適用することができるでしょう。

　先生方はニューラルネットワークとその実装のとてもやさしい解説のためにこの本を利用することができるでしょう。ほんの数行のプログラムを使うことで、人工知能を学ぶことに学生を熱中させることができます。ここでのコードは、小さく安価なコンピュータとして学校あるいは若い学生にとても人気にあ

るRaspberry Piで動くことが確認されています。

　私は10代のころ、パワフルでいまだ謎の多いニューラルネットワークをどのように動かせばよいのかに悪戦苦闘していました。その当時にこのような本があったらよかったと思います。実際にそういった情報は多くの本、フィルムあるいは雑誌にありましたが、それらは数学やその専門用語を既に慣れた専門家に向けた難しいアカデミックなテキストと、その当時は感じただけでした。

　私が望んでいることは、適度に興味を持っている学生が理解できる方法で、誰かが私にそれ（私が10代のころに知りたがっていたこと）を説明してくれることです。

何をするの？

　この本では手書き数字を認識できるニューラルネットワークを構築するという旅に出ます。

　非常に単純なニューロンの予測から始めて、その制限を打ち砕くようにして徐々にそれを改良していきます。この途中で何度か小休止を入れて、そこでニューラルネットワークが問題に対する解答をどのように学習し、そして予測するかを理解するのに必要とされるいくつかの数学的な概念を学びます。

　関数、単純線形分離器、反復改良法、行列積、勾配計算、勾配降下法による最適化、そして幾何学的な回転などといった数学的なアイデアをめぐる旅になるでしょう。しかしこれらのすべては実際に易しく明確な方法で説明されます。しかもこれらの説明には、簡単な初等数学を超えるような専門知識を事前に持っていないことを想定しています。

　最初のニューラルネットワークを完成させたら、そのアイデアを理解し、それをさまざまな方向に応用していきます。例えば、画像処理技術を利用して、追加の訓練データに頼らずに機械学習を改善します。ニューラルネットワーク

の心の中をのぞき見ることで、何が実体を見抜くものなのかを確認します。簡潔な説明を用いて、それがどのように動いているかを示します。

またここでは、自身のニューラルネットワークを段階的に作成するために、簡単で有用で人気のあるプログラミング言語 Python を学びます。もう一度言いますが、これまでのプログラミング経験は想定されていません、あるいは必要とされていません。

どうやるの？

この本の第1の目的は、ニューラルネットワークの背後にある概念を可能な限り多くの人に明らかにすることです。つまりこれは、私たちがいつも本当に快適で親しみのある場所から開始することを意味します。安全な場所から立ち上がって、小さなステップを踏んでいき、最終的にニューラルネットワークについて本当にクールでエキサイティングなことを十分に理解できる場所へたどり着きます。

可能な限り物事を利用可能にしておくために、自身のニューラルネットワークを作るのに厳密に要求される以上のことについて説明したいという誘惑に抵抗します。ある読者にとっては、本質を理解するような興味深い文脈や脱線した話があるでしょう。もしあなたがそのような読者であれば、それらをもっと広く調べてみることをお勧めします。

この本は、ニューラルネットワークに対して理論的な最適化された解説を目指してはいません。そういった書籍は多く存在するのですが、不可欠なアイデアをできるだけ簡単かつ整理された方法で紹介する、というこの本の核となる目的とは少し異なっています。

この本は意図的に3つのセクションに分けました。

● **Part 1** では、単純なニューラルネットワークの中になる数学的なアイデアをゆっくりと見てみます。核となるアイデアから気をそらさないように意図的にプログラミングは行いません。

● **Part 2** では、自身のニューラルネットワークを実装するのに Python を学びます。手書き数字を認識するように学習し、その性能をテストします。

● **Part 3** では、単純なニューラルネットワークを理解するのに必要とされている以上のものを扱います。ニューラルネットワークの性能をさらに向上させるためのアイデアを試します。そしてニューラルネットワークが何を学習し、どのように答えを出すのかが理解できたかを確認するために、訓練されたネットワークの中を見ていきます。

心配することはありません。使用するすべてのソフトウェアツールは無料でオープンソースなので、それらを使用するための料金を支払う必要はありません。また自身のニューラルネットワークを作るための高価なコンピュータも必要ありません。この本の中のすべてのコードは、非常に安価 (5ポンド/4ドル、600〜700円) な Raspberry Pi Zero で動作することが確認されています。この本の付録では Raspberry Pi を準備する方法も説明しました。

執筆上、気をつけたこと

　数学やコンピュータサイエンスに真の興奮と驚きを感じさせていないとすれば、この本は失敗です。

　人間の脳の学習能力を模倣する私たち自身の人工的な知能を作ることによって、学校レベルの数学と簡単なコンピュータレシピがいかに強力であるかを示せていないなら、この本は失敗です。

　信じられないほど豊かな人工知能の分野をさらに探求しようとする自信と欲望を与えていないとすれば、この本は失敗です。

　この本を改善するためにフィードバックは歓迎です。
makeyourownneuralnetwork at gmail dot com、またはtwitter の
@myoneuralnet で連絡してください。

　また http://makeyourownneuralnetwork.blogspot.co.uk に、ここで取り上げられているトピックについての議論もあります。そこにもこの本の正誤表があります。

Part 1

どうやって動くのか

"周りにある あらゆる小さなものから発想せよ"

1.1 自分には簡単だけど、相手にとっては困難

　コンピュータの中で行っているのは計算にすぎません。ただその計算は非常に高速です。コンピュータは計算するのに合ったタスク、例えば、売り上げを計算するために数値を合計し、割合から税を計算し、そしてそのデータのグラフを描画するといったタスクに対しては、すばらしい仕事をします。コンピュータでキャッチアップTVを見たりストリーミング音楽を聴いたりしていても、コンピュータは単純な計算を何度も何度も繰り返しているにすぎません。インターネット経由で結合されたコンピュータが0と1からなる列を再構成していることは、私たちが学校で教わった合計の計算より複雑ではないことは、あなたを驚かせるかもしれません。コンピュータがあっという間に何千あるいは何百万という大きな数に対して足し算を行うことは印象的かもしれませんが、それは人工知能ではありません。人間が大きな数の足し算をすばやく行うことは難しいかもしれませんが、それを実行する処理にはまったく知能を必要としません。そこで必要とされているのは単に基本的な指示に従うだけの能力であり、これがコンピュータ内部の電子機器がやっていることです。このために逆に私たちは得意ですが、コンピュータには不得意なタスクもあります　次の画像を見て、その画像に含まれているものを認識できるかどうか見てみましょう。

私たちはその絵の中に人の顔、猫、そして木を見て、それを認識できます。実は、私たちはそれを非常に高速に行えています。それも非常に高い精度で行えています。ほとんど間違えることはありません。私たちは画像に含まれるかなりの量の情報を高速に処理し、何の画像なのかを高精度に認識できます。こうした種類の仕事はコンピュータにとっては簡単ではありません。信じられないほど困難なものです。

問題	コンピュータ	人間
大きな数どうしの足し算をすばやく行う	カンタン	難しい
人々の雑踏の写真から顔を判別する	難しい	カンタン

　コンピュータが画像認識に行うには、コンピュータが持っていないもの、つまり人間の知能が必要だと思われます。

　しかしコンピュータは人間ではないために、私たち人間がその知能を作る必要がありますが、それは複雑で、力を要するものです。

　もちろん、コンピュータは電子部品で作られているものなので、人工知能の課題は、新しい手順やアルゴリズムを見つけることです。つまり新しい方法で、これらの困難な問題を解決しようとする試みと言えます。

- 従来のコンピュータでは簡単な作業もあれば、人間にとっては難しい作業もあります。例えば、何百万という２つの数のかけ算は、コンピュータには容易でも、人間には困難です。
- 一方、従来のコンピュータでは難しい作業もあれば、人間にとっては簡単な作業もあります。例えば、群衆の写真の中から顔を認識することは、人間には容易でも、コンピュータには困難です。

1.2 単純な予測マシン

　非常にシンプルなところから始めましょう、そしてそこから作り上げていきましょう。

　質問を受け、ある「思考」を行い、そして答え出す、という基本的なマシンを想像してみてください。
　先の例のように、私たちは自分の目を通して入力を受け、脳を使ってその情景を分析し、そしてその情景の中にどのようなものがあるかを結論づけます。これは次のようなものです。

　コンピュータは実際に考えていません。コンピュータは単なる見せかけだけの計算機であることを思い出してください。より適切な言葉を使って何が起こっているのかを説明しましょう。

コンピュータは何らかの入力を受け取り、何らかの計算を行い、そして出力を行います。以下の図はこれを示しています。"3 x 4" という入力が処理されます。おそらくかけ算をより簡単な一連の足し算に直して計算を行い、出力である答え "12" を得て、それを提示しています。

あなたは、これをそれほどすばらしいとは思わないかもしれません。それでよいです。後ほどより面白いニューラルネットワークに適用される概念を説明するために、ここでは単純でなじみのある例を使用しています。

複雑さを少し上げてみましょう。

次のようにキロメートルをマイルに変換するマシンを想像してください。

ここではキロメートルとマイルとの変換式がわからないとします。私たちが知っているのは、両者の関係が線形であるということだけです。これは次のことを意味しています。「マイルの数を2倍にすれば、同じ距離のキロメートルも2倍になる」、これは直感的に正しいです。もしこれが違うというなら、宇宙は奇妙な場所にあるということです。

このキロメートルとマイルとの線形関係は、この神秘的な計算に関する手がかりを私たちに与えています。つまり、キロメートルとマイルとの関係は "マイル = キロメートル × c" という形になっているということです。ここで c

は定数です[訳注]。この定数 c が何かは私たちは知りません。

　私たちが持っている他の唯一の手がかりは、キロメートルとマイルの正しい値の組み合わせのいくつかの例です。これは科学理論を検証するために使用される実際の観測データと似ています。

例	キロメートル(km)	マイル
1	0	0
2	100	62.137

　定数 c を欠いていることを解決するために私たちは何をすべきでしょうか？ 適当に値をとってみましょう！ c = 0.5 として、何が起こるか見てみましょう。

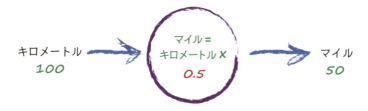

　私たちは "マイル = キロメートル × c" の関係があることを知ってます。ここで キロメートル は 100、c は現在の推定値 0.5 です。結局、50 マイルが答えになります。

　いいでしょう。適当に c として 0.5 としましたが、それは悪くはありません！ しかし私たちはそれが正確でないことを知っています。なぜなら例2のデータである 100 に対する真の答えは 62.137 でなけれらないからです。

訳注) c は constant:定数 の c で、よく使われます。

私たちは 12.137 の分だけ間違えました。これは誤差、つまり私たちの出した計算結果と入出力の組のリストから得られる実際の正しい値との差です。

$$誤差 = 実際の値 - 計算結果$$
$$= 62.137 - 50$$
$$= 12.137$$

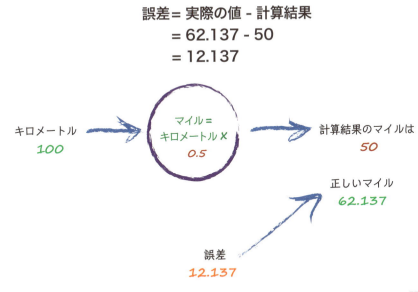

次は何をしたらよいでしょう？ 私たちは間違っていること、そしてその間違いがどのくらいの量であるかを知っています。これを絶望する理由として使う代わりに、より良い c の値の推定に使ってみます。

誤差をもう一度見てください。正しい値に 12.137 だけ不足していました。キロメートルをマイルに変換する公式は線形であるので、マイル = キロメートル × c が成り立ち、c を増加すれば、出力の値も増加します。

c を 0.5 から 0.6 に微調整し、何が起こるか見てみましょう。

c を0.6に設定すると、マイル = キロメートル × c = 100 × 0.6 = 60 となります。これは先の出力である 50 よりも良い値です。私たちは明らかに進歩しています。

今度の誤差ははるかに小さく 2.137 です。これは私たちが一緒に暮らしても大丈夫な誤差なのかもしれません。

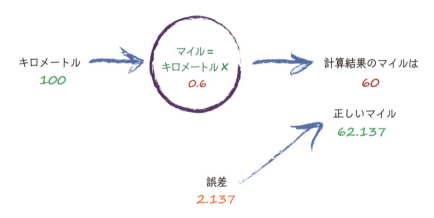

　ここでの重要な点は、c の値をどのように微調整するかを導くのに誤差を利用したということです。つまり 50 という出力値を増加させたいので、c の値を少し増やしました。

　変化を起こすのに必要な c の正確な量を計算するのに代数を使うのではなく、c を改良していくというアプローチを続けましょう。もしこのアプローチに確信を持てなく、むしろ正確な答えを出すのは簡単だと思うかもしれません。しかし、より興味深い問題の多くは、入力と出力の間に単純な数式を設定できず、代数的に解くことはできません。だから私たちはニューラルネットワークのようなより洗練された方法が必要なのです。

　もう一度やってみましょう。60 の出力は依然として小さすぎます。c の値を再び 0.6 から 0.7 に微調整しましょう。

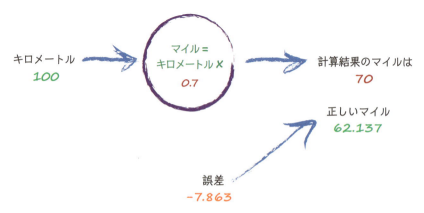

なんてことでしょう！　あまりにも遠くに行きすぎて、既知の正解を越えてしまいました。さっきの誤差は 2.137 でしたが、今度の誤差は -7.863 です。マイナス記号は、不足ではなく過剰であることを伝えています。誤差は (正しい値) - (計算値) であることを思い出してください。

　c = 0.6 は c = 0.7 より良い結果でした。私たちは、c = 0.6 による小さな誤差に満足し、今この練習を終了することもできます。しかしもう少しだけ進んでみましょう。ここで 0.6 から 0.61 へ、ちょっとだけ c を微調整してみます。

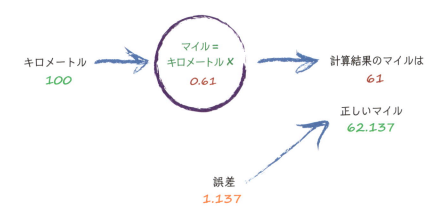

　最後の試みは c の値をどれだけ微調整するかを考慮すべきだと教えてくれています。出力が正解に近づいている場合、つまり誤差が小さくなったら、変更可能な部分をあまりに大きく変更してはいけません。そうすることで、先ほどのように正解の値を大きく超えることを避けることができます。

　繰り返しますが、c の値を求める正確な方法に注意をそらさず、c の値を逐次改良するというこのアイデアに集中し続けてください。訂正は誤差に依存していると述べておきます。これは直感的に正しいことです。大きな誤差には大きな修正が必要であり、小さな誤差には小さな修正が必要であることを意味します。

　信じられないかもしれませんが、私たちが今行ったことは、まさにニューラルネットワークの学習プロセスの核となっている処理、つまり正しい答えを得るために、その時点で得られている答えを徐々に改善する処理を見てきたのです。

少し時間をとって、以下のことを確認しておくのがよいと思います。私たちは学校の数学や科学の問題のように、問題を1つのステップで正確に解くのではなく、代わりに得られた答えを試し、それを繰り返し改善するというまったく異なったアプローチをとったのです。これを反復と呼ぶ人もいます。反復とは少しずつ答えを繰り返し改善することです。

- すべての有用なコンピュータシステムは、入力と出力を持ち、それらの間である種の計算を行います。ニューラルネットワークも同じです。
- 処理のしくみが正確にはわからないとき、調整可能なパラメータを含むモデルを使って推定することができます。もしキロメートルをマイルに変換する方法がわからなかったとしたら、モデルとして線形関数を使用し、傾きを調整することができます。
- こういったモデルを改善する良い方法は、モデルが既知の真の値とどのくらい違っているかを基にして、パラメータを調整することです。

1.3 分類と予測に大きな違いはない

　前述した単純なマシンは、入力を受け取り、出力がどのようなものであるべきかを予測するため、予測器と呼ばれます。私たちは、内部パラメータを調整することでその予測を改善しました。これは、予測した値と既知である真の値を比較したときに私たちが観測する誤差によって行われます。

　今度は庭にいる昆虫の幅と長さを示した次のグラフを見てください。

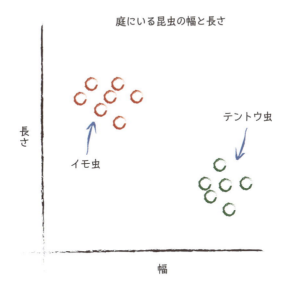

　明らかに2つのグループに分かれています。イモ虫は細くて長く、テントウ虫は太くて短いという特徴があります。

　『入力されたキロメートル数を正しいマイル数に変換』しようとした予測器を思い出してください。その予測器にはその内部に調整可能な線形関数があり

ました。線形関数は入力に対して出力をプロットすると、直線になります。調整可能なパラメータ c は、その直線の傾きを表現しています。

データに対応する位置の上に直線を置くとどうなるでしょうか？

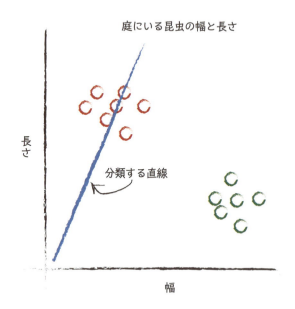

ある数値（キロメートル）を別の数値（マイル）に変換するために行ったときと同じように直線を使用することはできませんが、直線を使用してさまざまな種類のものを分類することができます。

上のプロット図において、もしその直線がイモ虫とテントウ虫を分けているなら、その直線を利用して、幅と長さの値から未知の虫をどちらかに分類することができます。ただこの図の直線ではまだこの処理を行えてはいません。それはイモ虫の半分はテントウ虫とこの直線に対して同じ側にあるからです。

別の直線を試してみます。傾きをもう一度調整し、何が起こるか見てみましょう。

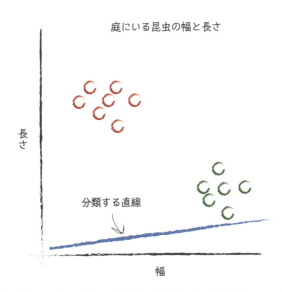

今回の直線は役に立ちません。2種類の虫はまったく分類されていません。

もう一度行ってみましょう。

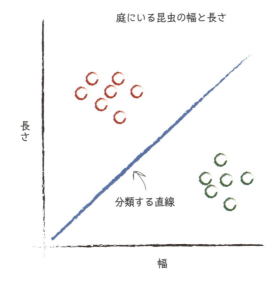

　これは断然良いです。この直線はイモ虫とテントウ虫をきれいに分けています。これでこの直線を虫の分類器として使用できるようになりました。

注意として、ここでは私たちが見たことのない他の種類の虫は存在しないことを仮定しています。ただ今は簡単な分類器のアイデアを説明しようとしているだけなので、大丈夫です。

次にコンピュータがロボットアームを使用して、新しい虫を拾い上げ、その幅と長さを測定することを想像してください。そのとき前ページの分類直線を使って、その虫がイモ虫かテントウ虫かを正しく分類するでしょう。

次の図を見ると、未知の虫は、直線の上側にあるので、イモ虫であることがわかります。この分類は単純ですが、既にかなり強力なものです。

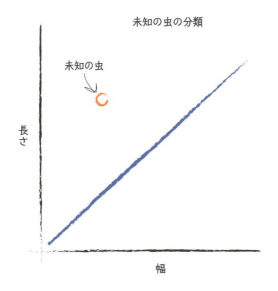

私たちは、単純な予測器の中の線形関数を使って、未知のデータをどのように分類するかを見てきました。

しかし、私たちは大事なステップを飛ばしています。どのようにして正しい傾きを得るのでしょうか？ 2種類の虫を分類する直線をどのように改善するのでしょうか？

この問に対する答えが、ニューラルネットワークの学習の核です。次にこれを見ていきます。

1.4 単純な分類器の学習

　私たちは線形の分類器を学習して、ある虫がイモ虫かテントウ虫かを正しく分類したいと考えています。これは先ほど見てきたように、単純に幅と長さの2次元平面上に多数置かれた2つのグループの点を分ける直線の傾きを決めることです。

　これはどうやって行うのでしょうか？

　いくつかの数学的理論を発展させるのではなく、それを試してみることで自分の道を進んでいることを感じましょう。このやり方により数学をもっとよく理解できるでしょう。

　学習にはいくつかのデータが必要です。次の表は、この演習を簡単にするための2つのデータを示しています。

データ	幅	長さ	虫
1	3.0	1.0	テントウ虫
2	1.0	3.0	イモ虫

　幅が3.0で長さが1.0である虫のデータがあります。そして私たちはそれがテントウ虫であることを知っています。また長さが3.0と長く、幅が1.0と狭いデータもあります。これはイモ虫です。

　これは、私たちが真であることを知っているデータの集合です。分類器の関数の傾きを改善するのに役立つのはこれらのデータです。予測器あるいは分類器を学習するのに利用される真のデータの集合を訓練データと言います。

これら2つの訓練データをプロットしてみましょう。データを視覚化することは、多くの場合、リストや表の数値を見ているだけでは容易に把握できないデータを理解するのに役立ちます。

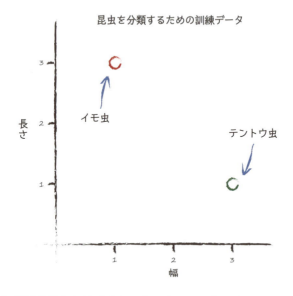

まず適当な分類直線から始めましょう。キロメートルからマイルへの変換を振り返ってみると、調整されるパラメータを持った線形関数がありました。分類直線は直線なので、ここでも同じことができます。

$$y = Ax$$

厳密に言えば、分類直線は予測器ではないので、長さと幅の代わりに意図的に y と x という名前を使用しました。以前はキロメートルをマイルに変換しましたが、ここでは幅を長さに変換するわけではありません。その代わりに分類直線、つまり分類器を求めます。

この $y = Ax$ という式は、完全な直線の式 $y = Ax + B$ よりも単純な形であることに気がつくでしょう。これはこの庭の昆虫の例を、意図的に、できるだけ単純に適用できるようにしているからです。B が 0 でないと言うことは、直線が原点を通らないことを意味しています。これはここでの例に何も役立つことを加えていません。

以前見たように、パラメータ **A** は直線の傾きを表しています。**A** が大きいほど、傾きが大きくなります。

　最初に **A = 0.25** としてみましょう。分類直線は **y = 0.25x** となります。訓練データをプロットした図に、この直線を引くとどうなるか見てみましょう。

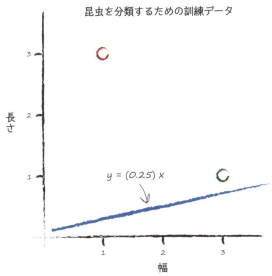

　図を見れば、計算することなしに、**y = 0.25x** の直線は良い分類器ではないことがわかります。この直線は2種類の虫を分割してはいないからです。つまり "ある虫のデータが直線の上側にあるならば、その虫はイモ虫である" と言うことはできません。なぜならテントウ虫のデータも直線の上側にあるからです。

　なので、直感的に少し上に直線を移動する必要があることがわかります。図を見て適切な直線を引くのは簡単ですが、それが目的ではありません。私たちは、これを行うための反復可能なやり方、つまりコンピュータ科学者がアルゴリズムと呼ぶ一連のコンピュータ命令が欲しいのです。

　1番目の訓練データを見てみましょう。この例は幅が 3.0、長さが 1.0 のテントウ虫です。関数 **y = Ax** で **x** = 3.0 とすると、**y** = 0.75 です。

$$y = (0.25) * (3.0) = 0.75$$

パラメータ **A** は最初にランダムに 0.25 に設定したので、幅 3.0 の虫は長さが 0.75 と予想されています。しかしこの訓練データでは長さが 1.00 なので、0.75 という値は小さすぎることがわかります。

この違いが誤差です。キロメートルからマイルを予想したように、この誤差を利用してパラメータ **A** を調整することができます。

しかし、これを行う前に、もう一度 **y** の値を考えてみましょう。もし **y** が 1.0 の場合、直線は訓練データのテントウ虫のいる位置（**x、y**）=（3.0,1.0）の真上を通ります。この位置は適切な値なのですが、その位置を通る直線を欲しているわけではありません。その位置の上側にくる直線を欲しています。なぜでしょう？ すべてのテントウ虫のデータがその直線上にあるのではなく、その直線の下側にくることが望んでいることだからです。この直線がやるべきことは、テントウ虫とイモ虫を分けることであり、与えられた虫の幅からその虫の長さを予測することではありません。

ですから **x** = 3.0 のときには **y** = 1.1 となるのようにしましょう。1.1 という値は 1.0 より少し大きな値です。1.2 や 1.3 でもいいでしょう。ただ 10 や 100 のような大きな数はダメです。なぜならそのような直線はテントウ虫とイモ虫の両方の上側にきてしまい、両者を分類することができなくなるからです。

目標値は 1.1 であり、誤差 **E** は

$$誤差 = (目標値 - 計算値)$$

なので、以下のように0.35 となります。

$$E = 1.1 - 0.75 = 0.35$$

少し中断して、誤差、目標値、および計算値が視覚的に何を意味するのかを確認してみましょう。

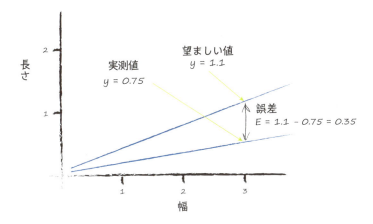

　さて、より適切なパラメータ **A** に導くために、誤差 **E** をどう使えばよいでしょうか？　これは重要な問です。

　この問はひとまず脇に置いておいて、もう一度問題を考えてみましょう。私たちが知りたいことは、誤差つまり **y** の誤差からパラメータ **A** をどれくらい変化させるかです。これを知るには、2つの値の関係を知る必要があります。**A** と **E** にはどういう関係があるのでしょうか？　これを知ることができれば、一方の変化から他方の変化を知ることができるはずです。

　分類器に対する以下の線形関数から始めましょう。

$$y = Ax$$

　A の初期値では、**y** は間違えた値になっています。この値は訓練データで示されている値でなければなりません。この訓練データに示された値を目標値 **t** と呼ぶことにしましょう。目標値 **t** を得るために、**A** を少し調整する必要があります。数学ではデルタ記号 **Δ** を「小さな変化」を表すのに使います。これを用いて書いてみましょう。

$$t = (A + \Delta A)x$$

　理解しやすくするために図を描いてみましょう。新しい傾きは (**A + ΔA**)

となります。

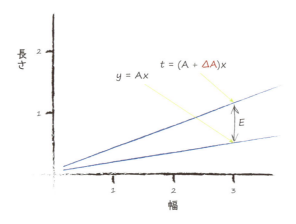

誤差 **E** は所望の正しい値と、現在の **A** に基づいて計算した値との差であることを思い出しましょう。つまり **E** は **t-y** です。

明確にするために式で書いてみましょう。

$$t - y = (A + \Delta A)x - Ax$$

展開して整理すると以下が成り立ちます。

$$E = t - y = Ax + (\Delta A)x - Ax$$

$$E = (\Delta A)x$$

これは注目すべき式です。誤差 **E** と **ΔA** の関係を簡単に記述しています。あまり簡単なので、間違えているに違いないと思えるくらいですが、実際に正しい式です。ともかくこの簡潔な関係式がやるべきことを非常に簡単にしています。

この式を変形していくことで、簡単に迷子になったり散漫になったりしますが、そんなときは、この式から導きたいものが何であったかを思い出してください。

私たちが知りたいのは、直線の傾きを改善する、つまりより良い分類器を得るのに誤差 **E** を使って **A** をどれだけ調整するかです。これを行うには、単に最後の式を以下のように変形すればよいです。

$$\Delta A = E / x$$

　まさにこれです。これこそ私たちが探していた魔法の式です。誤差 **E** から **ΔA** を求め、分類直線の傾き **A** を **ΔA** だけ動かすことで **A** を改善します。

　やってみましょう。まず最初の傾きを更新しましょう。

　誤差は 0.35、**x** は 3.0 でした。なので **ΔA= E / x** は 0.35 / 3.0 = 0.1167 となります。つまり、現在の **A** = 0.25 を 0.1167 だけ変更する必要があり、A の更新値は（**A + ΔA**）から 0.25 + 0.1167 = 0.3667 となります。この更新値 **A** による **y** の計算値は期待どおりの 1.1 となります。この場合、この値は目標値となっています。

　やりました！　私たちは、その時点の誤差からパラメータ **A** を改善する方法を見つけました。

　進めていきましょう。

　今、1つの訓練データが終わりました。次の訓練データを使って学習しましょう。次の訓練データは **x** = 1.0 と **y** = 3.0 の組です。

　現在の **A** = 0.3667 である線形関数に **x** = 1.0 を代入して、何が起こるかを見てみましょう。まず **y** = 0.3667 * 1.0 = 0.3667 です。これは訓練データの例の **y** = 3.0 とはあまり近い値とは言えません。

　これまでと同じ議論を用いて、訓練データ上に直線を引くのではなく、訓練データを上側と下側に分離する直線を引くようにして、目標値 2.9 を設定することができます。この訓練データの例はイモ虫なので、直線の上側に来るので、誤差 **E** は (2.9 - 0.3667) = 2.5333 となります。

■Part 1 - どうやって動くのか

　これは直前の誤差よりも大きな誤差ですが、それは線形関数を学習するために利用しているのが、この場合１つの訓練データだけだからです。つまりその訓練データの例に特化してしまうのです。

　以前と同じように **A** をもう一度更新しましょう。**ΔA** は **E / x**で あり、2.5333 / 1.0 = 2.5333 です。つまり、次の新しい**A**は 0.3667 + 2.5333 = 2.9 となります。**x** = 1.0の場合、関数は答えとして2.9を返します。これは、目的値となります。

　かなりの量の作業でしたので、もう一度中断し、私たちが行ったことを視覚化してみましょう。次のプロット図は、最初の直線、訓練データの１番目の例から学習された後に更新した直線、および訓練データの ２番目の例から学習した後の最終的な直線を示しています。

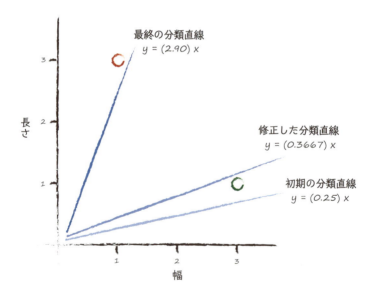

　待ってください！ 何が起こったのでしょうか！ そのプロット図を見ると、私たちが望んでいたやり方で傾きを改善したようには見えません。得られた直線はテントウ虫とイモ虫の領域をきれいに分けていません。

　さて、私たちは求めているものを得ました。直線は望ましい **y** の値が得られるように更新されています。

何が間違えていたのでしょう？ これを続けていく、つまり各訓練データを更新していくと、最後の更新が最後の訓練データと密接に合致するだけです。このやり方では、それまでのすべての訓練データを考慮していません。つまり、実際には、以前の訓練データが提供している有益な情報を取り去って、最後の訓練データだけから学習する形になっています。

これはどう直せばよいのでしょうか？

実は簡単です。そしてこれが機械学習の重要なアイデアになっています。更新を和らげるのです。つまり更新を少し抑えるのです。新しい **A** に一足飛びに変更するのではなく、**ΔA** の変化の全体ではなく、その一部を切り取って使います。この方法でも、訓練データの例が示唆する方向に直線を移動しますが、これまでの訓練データの反復から得られた潜在的に価値のある情報を維持するように、少し慎重にその移動を行います。以前の例のキロメートルをマイルに換算する予測器において、実際の誤差の一部分からパラメータ **c** を微調整しまいたが、このパラメータの調整方法が更新を和らげる方法（モデレート）の参考になります。

モデレートは非常に強力であり、しかも有用な効果があります。実世界の測定では測定誤差やノイズの混入は通常のことなので、訓練データそのものが完全に正しいとは言えないこともあります。そのような場合に、この調整方法はそれらの測定誤差やノイズの混入の影響を弱める働きがあります。平滑化と呼ばれるものです。

さて、もう一度やり直してみましょう。今回は更新式にモデレートを導入してみます。

$$\Delta A = L\,(E\,/\,x)$$

モデレートの係数はしばしば学習率と呼ばれます。ここでは **L** と名付けておきます。まず手始めに合理的な割合として **L** = 0.5 としてみます。それは単に、モデレートなしの半分だけを更新するという意味です。

先ほどの処理をもう一度実行してみます。最初は **A** = 0.25 です。訓練デー

タの 1 番目の例では y = 0.25 * 3.0 = 0.75 となります。目標値は 1.1 なので誤差は 0.35 です。また **ΔA = L (E / x)** = 0.5 * 0.35 / 3.0 = 0.0583 なので、更新された **A** は 0.25 + 0.0583 = 0.3083 となります。

訓練データの x = 3.0 に対して、この新しい **A** を試してみると、y = 0.3083 * 3.0 = 0.9250になります。直線は 1.1 の下側なので、訓練データの間違った側にあります。しかしこれが多くの更新の最初の更新であることを考えれば、そんなに悪い結果ではありません。確かに最初の直線からは、正しい方向に移動しています。

訓練データの2番目の例である x = 1.0 を試してみましょう。**A** = 0.3083 を使用すると、y = 0.3083 * 1.0 = 0.3083 です。目標値は 2.9 なので誤差は (2.9 - 0.3083) = 2.5917 となります。そして **ΔA = L (E / x)** = 0.5 * 2.5917 / 1.0 = 1.2958 です。今度の新しい **A** の値は 0.3083 + 1.2958 = 1.6042 になりました。

モデレートを導入した更新が、テントウ虫とイモ虫の領域をよりよく分離する直線を導いているのかどうかを確認するために、もう一度、今度は最初の直線と改良された最後の直線を見てみましょう。

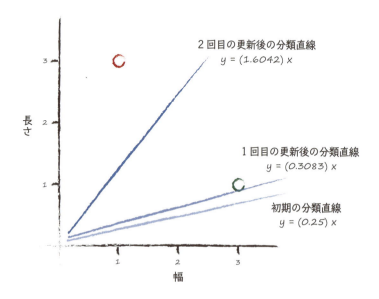

これは実にうまくいっています。

これら2つの簡単な訓練データと学習率を用いた比較的単純な更新方法であっても、**A** = 1.6042 の良い分離直線に早くたどり着きました。

私たちが達成したことを確認しておきましょう。私たちはある事例を分類する学習方法を獲得しました。それは非常に効果的かつ簡潔です。

素晴らしいです。

- 線形分類器の出力誤差と調整可能な勾配パラメータとの間の関係を理解するために、簡単な数式を使用することができます。これは、ある出力エラーを取り除くために勾配をどのくらい調整すればよいかを知っていることを意味します。
- これらの調整を直接行ってしまうと、前回の訓練例をすべて無視して、最後の訓練例と最もよく一致するようにモデルが更新されるという問題が出てきます。これを修正する良い方法は、1つの訓練データが完全に学習を支配しないように、学習率をつけて更新するモデレートを導入することです。
- 現実世界からの訓練データはノイズや誤りを含んでいる可能性がありますが、こういった誤ったデータの影響を制限するのに、この更新をモデレートする方法は役立ちます。

1.5 時として1つの分類器では不十分

こまでに扱ってきた単純な予測器と分類器は、入力を受け取り、計算を行い、答えを返す、といったものでした。私たちがこれまで見てきたように、これはかなり効果的ですがニューラルネットワークを適用したいさらに興味深い問題を解くには十分ではありません。

ここでは単純ですがはっきりとした例として、線形分類器の限界を説明します。なぜ私たちはニューラルネットワークの議論にすぐに移らずに、この説明を先に行うのでしょうか？ その理由は、ニューラルネットワークの設計上の重要な特徴は、この限界を理解することから来ており、そのためこの部分の説明には少し時間を費やす価値があるからです。

庭の虫の分類の問題から離れ、ブール論理関数を扱ってみましょう。この用語がわけのわからない専門用語のように聞こえても心配しないでください。ジョージ・ブールは数学者であり、かつ哲学者でもありました。彼の名前からAND や OR のような単純な関数を連想するでしょう。今は、この程度で十分です。

ブール論理関数は、言語や思考の機能と似ています。「あなたは野菜を食べ、かつまだおなかがすいているときだけ、プリンを食べることができます」と言う場合、これはAND 関数（論理積）を利用しています。AND 関数は両方の条件が真である場合にのみ真を返します。2つのうちの1つだけが真なら、真を返しません。なので、もしおなかはすいているが、野菜を食べていなかったら、プリンを食べることはできません。

同様に、「今日が週末あるいは今日年次休暇を取っているとき、今日公園で遊ぶことができます」と言う場合、これはOR 関数（論理和）を利用しています。

OR 関数は条件のいずれか、またはすべてが真のときに、真を返します。AND 関数のようにすべてが真である必要はありません。なので、今日が週末でなくても、年次休暇中であれば、実際に公園に行って遊ぶことができます。

関数の働きを考えてみると、関数は入力を受け取り、何か仕事をし、そして答えを出力するマシンとみなせます。ブール論理関数は、通常 2 つの入力から 1 つの答えを出力します。

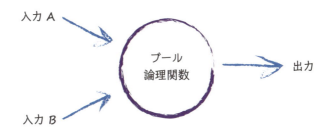

コンピュータはしばしば 1 を真、0 を偽として表現します。次の表は、入力 A と B のすべての組み合わせに対するこのより簡潔な表記法を使用した AND 関数と OR 関数の出力を表しています。

入力A	入力B	AND関数	OR 関数
0	0	0	0
0	1	0	1
1	0	0	1
1	1	1	1

この表から A と B の両方が真である場合にのみ、AND 関数が真であることがはっきりとわかります。同様に、OR 関数は A または B のいずれかが真である場合に真であることがわかります。

ブール論理関数はコンピュータサイエンスにおいて本当に重要であり、実際、最古の電子計算機は、論理関数を実行する小さな電気回路から構築されていました。算術でさえ、ブール論理関数に対応した回路を組み合わせることで行われていました。

データがブール論理関数によって表現されているかどうかを訓練データから学習するのに、単純な線形分類器を使うことを想像してみてください。これはある事物間の因果関係や相関関係を観測データから見つけようとする科学者にとって、自然で有用なことです。例えば、雨が降り、かつ気温が35度以上のときにマラリアが増えますか？ それともどちらかの条件が成り立てば、マラリアが増えますか？

以下のプロット図を見てください。図は論理関数への2つの入力 A と B がグラフ上の座標になっています。プロットは、両方の値が 1 である真の場合にのみ、出力が真となり、それは緑色で示されています。偽の出力は赤で表示されています。

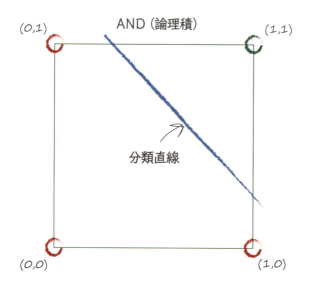

図には緑色の領域と赤色の領域を分ける直線も描かれています。その直線は、以前説明した線形分類器に対応する線形関数です。

この例は以前の例と本質的には同じなので、ここでは、以前のように数値的な作業は行いません。

実は、この分類直線は無数にありますが、大事なポイントは、**y = ax + b** の式で表現される線形分類器により AND 関数を学習できることです。

次に、同様の方法で、OR 関数のプロット図を見てみましょう。

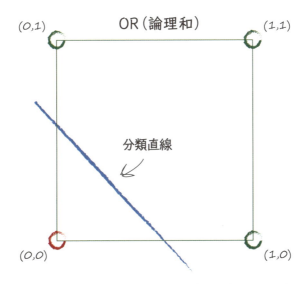

今回は、入力 A と B の両方が偽である場合だけ偽なので、(0,0) 点だけが赤になります。他のすべての組み合わせは、少なくとも A または B が真であるため、出力は真となります。この図は線形分類器が OR 関数を学習することが可能であることを明確に示しています。

排他的 OR の略である XOR と呼ばれるブール関数は、入力 A または B のどちらか一方のみが真であるときのみ真を返します。つまり２つの入力の両方が真あるいは両方が偽のときは偽を返します。次の表はこれをまとめたものです。

入力A	入力B	XOR 関数
0	0	0
0	1	1
1	0	1
1	1	0

■ Part 1 - どうやって動くのか

次に、出力が色付きになっているこの関数のプロット図を見てみましょう。

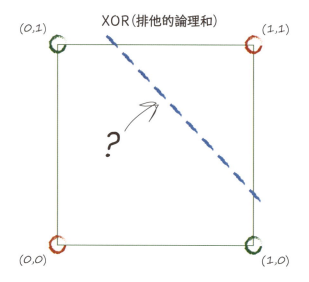

これは挑戦です！ この図では赤の領域と緑の領域を１つの分割直線で分けることはできません。

実際、XOR 関数の緑色の領域と赤色の領域を正しく分割する直線を引くことは不可能です。つまり、単純な線形分類器では、XOR 関数が基になっているような訓練データを与えられても、XOR 関数を学習できません。

これは線形分類器の限界を示しています。つまり線形分類器は問題が直線で分離できない場合には役立たないと言うことです。

このように問題が直線で分離できない、つまり直線が分類に役に立たない多くのタスクに対して、ニューラルネットワークを有効に利用したいのです。

なので、修正が必要です。

幸いにも修正は簡単です。実際に、次の図では２つの直線を使って、異なる領域を分離しています。これが修正のヒントです。つまり、複数の分類器を併用するのです。これがニューラルネットワークの中心となるアイデアです。多

くの直線を使えば、通常の形ではない複雑な領域でも、分離できる可能性があることは想像できたと思います。

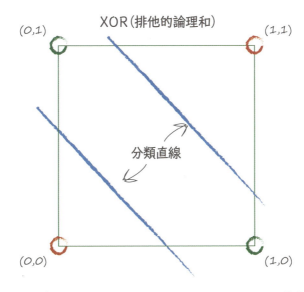

同時に働く多くの分類器からなるニューラルネットワークを構築する前に、次の節では原点に戻って、ニューラルネットワークアプローチに影響を与えた動物の脳を見てみましょう。

- 線形分類器は、単一の線形プロセスから生じていないようなデータを分離することはできません。XOR 演算子から生じているデータが代表的な例です。
- ただその解決は簡単です。複数の直線を利用すれば、1つの直線では分離できないデータでも分割することができます。

1.6 ニューロン、自然界の計算機

　本書の最初に述べたように、動物の脳は科学者にとって謎でした。なぜなら、膨大な数の電子計算素子と巨大な記憶スペースを持ち、そして人よりもはるかに速い計算が行えるコンピュータよりも、ハト（鳩）の脳のように小さな脳の方がはるかに優れているからです。

　注目すべきは構造の違いです。従来のコンピュータはデータを逐次的に、そして非常に具体的に処理していました。このような冷たく固い計算に曖昧性はありません。一方、動物の脳ははるかに遅い速度で動いており、信号を並行して処理しているように見えます。そして脳の計算では曖昧性が特徴です。

　生物学的に見たときの脳の基本ユニットとなるニューロンを見てみましょう。

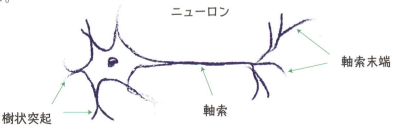

　ニューロンにはさまざまな形態がありますが、すべてのニューロンは電気信号を軸索に沿って樹状突起から他方の軸索末端に伝達します。つまり電気信号がニューロンから別のニューロンに渡されます。これが私たちの体が光、音、圧力、熱などを感知する仕組みです。特殊な感覚ニューロンからの電気信号は、神経系に沿って脳に伝達されます。そして脳自体もほとんどがニューロンで作られています。

次の図は1899年にスペインの神経科学者によって作成されたハトの脳の中のニューロンの様子です。ニューロンの主要な部分である樹状突起や軸索や軸索末端が描かれています。

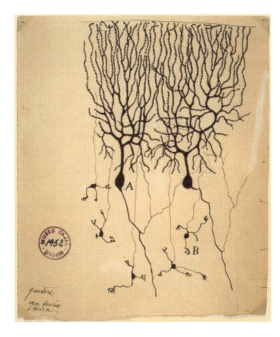

　複雑なタスクを実行するためには、どのくらいの数のニューロンが必要でしょうか？

　非常に有能な人間の脳には約1000億のニューロンがあります。昆虫のミバエには約10万個のニューロンがありますが、この数でも、飛ぶ、餌を食べる、危険を回避する、食物を見つける、そしてさらに多くの複雑な作業が可能です。この10万個のニューロンというのは、脳を模倣しようとしている現代のコンピュータにも備わっています。線虫は 302個のニューロンしか持っていません。このニューロンの数は現代のコンピュータのリソースに比べて、ほんのわずかでしかありませんが、線虫は従来の大規模コンピュータが苦労するような有益なタスクを処理することができます。

　何が隠されているのでしょうか？ 現代のコンピュータと比較して、計算のユニットが比較的少なく、その速度もかなり遅いことを考えると、生物学的な

脳がどうして大きな能力を持っているのか謎です。脳の完全な機能、例えば意識は未だに謎ですが、ニューロンがどのようにして計算を行っているかはわかっています。このニューロンによる計算方法が従来のコンピュータによる方法とは全く異なっています。

　ニューロンの仕組みを見てみましょう。まず電気的な入力を受け取り、その後に別の電気信号を放出します。これは以前に見たマシンによる分類や予測（入力を受け取り、処理を行い、何かを出力する）と全く同じように見えます。

　そうであれば、以前と同じように、ニューロンを線形関数として表現したらどうでしょうか？　良いアイデアでしょうか？　実はこれはダメです。生物学的にニューロンは、入力に対して単に線形関数を被せた形の出力を生成しません。つまりニューロンの出力は、出力＝（定数A * 入力）＋（定数B）という形式をとらないのです。

　観察によれば、ニューロンは入力にすぐには反応せずに、入力が大きくなって出力を引き起こすまで、入力を抑制するようです。これは、出力が生成される前に到達しなければならない閾値と考えることができます。これはカップの中の水のようなものです。水がカップに満たされるまで、水はこぼれることはありません。直観的には、ニューロンは小さなノイズ信号は通過させず、強く意図的な信号のみを通過させる、という意味です。次の図は、入力が十分にダイヤルアップされて、ダイヤルが閾値を超えて、赤い部分に入った場合に、出力信号を生成するというこのアイデアを示したものです。

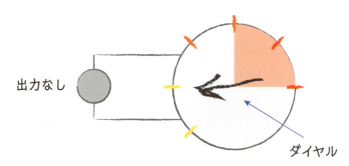

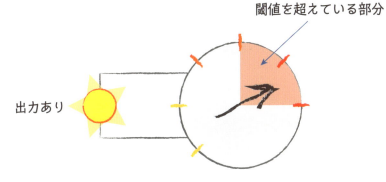

　入力信号を受け取り、出力信号を生成しますが、何らかの閾値を考慮した関数を活性化関数と呼びます。数学的には、このような機能を持った活性化関数は数多く存在します。単純な階段関数も活性化関数になっています。

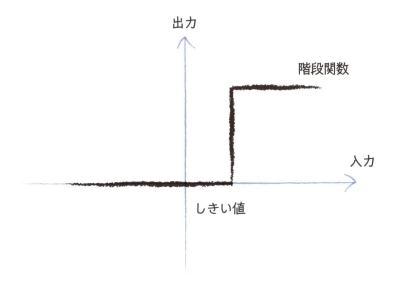

　低い入力値の場合、出力値は0（ゼロ）です。ただし、入力値が閾値に達すると、出力値が跳ね上がります。このような動作をする人工的なニューロンは、現実の生物学的なニューロンのようになるでしょう。この現象を科学者たちは「入力が閾値に達するとニューロンが発火する」という言い方をします。

階段関数よりももっと良い関数が使えます。以下に示すS字型の関数はシグモイド関数と呼ばれます。冷たく固い階段関数よりも滑らかになっており、より自然で現実的なものです。自然界では境界が滑らかでないということは滅多にありません。

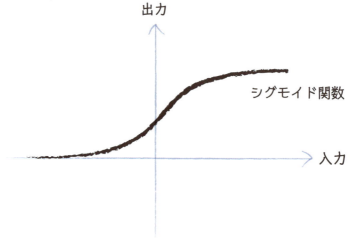

この滑らかなS字型のシグモイド関数は、私たち自身のニューラルネットワークを作るために引き続き使用するものです。人工知能の研究者は他の同様の見た目を持つ関数も使用しますが、シグモイド関数はシンプルで非常に一般的ですので、これを使っていきましょう。

シグモイド関数は、時にはロジスティック関数とも呼ばれており、以下の形をしています。

$$y = \frac{1}{1 + e^{-x}}$$

この式は見た目ほど難しいものではありません。文字 **e** は数学的には定数であり、その値は 2.71828… です（ネイピア数）。これは数学と物理学のあらゆる領域で出現してくる非常に興味深い数です。点々 "…" を使っているのは、数値が無限に続くからです。このような数は超越数という名前が付いています。ともかくここでは単に **e** は 2.71828 としておきましょう。入力 **x** にはマイナスが付き、**e** の **-x** 乗に 1 が足されて、その逆数、つまり 1 をその数で割った値が **x** に対するシグモイド関数の出力値 **y** です。これが上の式のやっ

ていることで、そんなに難しいことではありません。

　ちょっと確認ですが、**x** が 0 のとき、**e⁻ˣ** は 1 です。これはどのような数の 0 乗も 1 だからです。なので出力 **y** は 1/ (1 + 1) = 1/2 となり、シグモイド関数と **y** 軸との交点は **y** = 1/2 となります。

　ニューロンの出力に使用できる S字型関数はシグモイド関数の他にも多くありますが、シグモイド関数がよく使われる非常に強力な理由があります。その理由は、このシグモイド関数は他の S字型関数よりも計算がはるかに簡単ということです。この点は後で確認する予定です。

　ニューロンに戻り、人工的なニューロンをどのようにモデル化するかを考えてみましょう。

　まず実現しなければならないことは、実際の生物学的なニューロンは、1つだけではなく、多くの入力を受け取るので、これをモデル化することです。実は、これはブール論理マシンへの入力が 2 つあるときに確認しています。複数の入力を持つという考え方は新しいものでも珍しいものでもありません。

　これらすべての入力を使って何をするのでしょうか？ それらを単純に足し合わせます。そしてその合計が出力を制御するシグモイド関数への入力となります。これは実際のニューロンの働きを反映しています。次の図は、入力を結合し、合計した値に閾値を適用するというアイデアを表したものです。

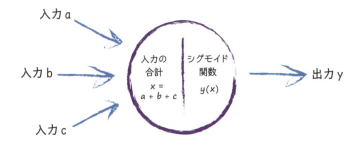

結合された信号が十分に大きくなければ、シグモイド関数は出力信号を抑制します。和 x が十分に大きい場合、シグモイド関数はニューロンを発火させます。興味深いことに、いくつかの入力のうちの1つだけが大きく、残りが小さい場合にも、ニューロンは発火するかもしれません。つまりこれは、ニューロンは個別に色々な値を取っていても、結合された信号が閾値以上になれば発火します。直感的には、このやり方は実際のニューロンが行うことができるより洗練された、そしてある意味曖昧である計算を実現しています。

電気信号は樹状突起によって収集され、これらが結合してより強い電気信号を形成します。もし信号が閾値を超えるくらいに強い場合、ニューロンは発火して、軸索を通って軸索端末へ信号を送ります。

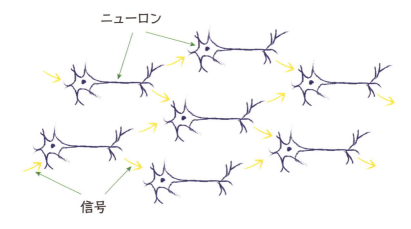

注目すべきことは、各ニューロンは多くの入力を受け取り、発火した場合には、多くのニューロンに信号を送ることです。

この自然界の仕組みを人工的なモデルに取り入れる1つの方法は、前後の層の各ニューロンが接続されているような層を設けることです。次の図はこのアイデアを表しています。

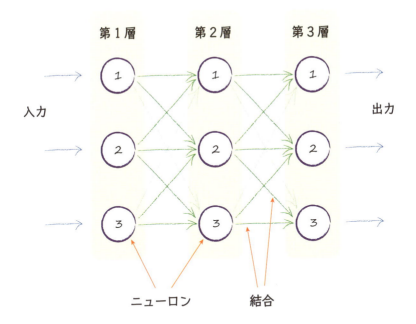

3つの層があり、各層には3つの人工的なニューロン（またはノード）があります。また、前後の層のあるノードはすべて接続されています。

素晴らしいです！ しかし、このクールに見える構造のどの部分が学習を行うのでしょうか？ 訓練データに応じて何を調整するのでしょうか？ 前の章で見てきたような線形分離器の傾きのようなパラメータはあるのでしょうか？

最も明白なことは、ノード間の接続の強さを調整することでネットワークの出力が変化することです。ノード内では、入力の合計を調整することもできましたし、シグモイド関数の形状を調整することもできましたが、これらは単にノード間の接続強度を調整するよりも複雑です。

簡単なアプローチがうまくいくならば、それに固執しましょう！ もう一度、接続されたノードの図を次に示します。ただし、今回は各接続の重みが記載されています。低い重みは信号を減少させ、高い重みはそれを増大させます。

■ Part 1 - どうやって動くのか

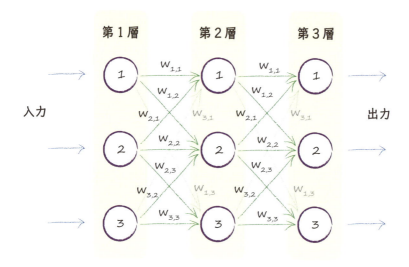

重みを示す記号の添え字になっている数字を説明しておきましょう。重み $w_{2,3}$ は、ある層のノード2と次の層のノード3 との間を通過する信号に対する重みです。同じように $w_{1,2}$ は、ある層のノード1 と次の層のノード2 との間を通過する信号を減少または増幅する重みになります。このアイデアを説明するために、次の図では、第1層と第2層の間のこれらの2つの接続部分を赤色で示しています。

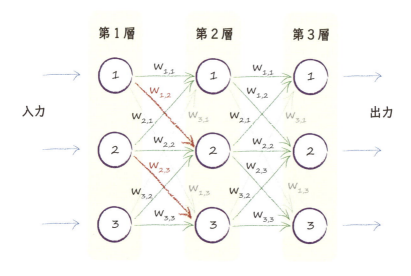

56

ノードの接続をもっと合理的に設計しようとするかもしれませんし、またなぜ各ノードが前後の層のすべてのノードと接続しているのかを自問するかもしれません。ここで述べた形は、そうあるべきというものではありません。あらゆる創造的な方法により、さまざまな接続の設計が可能ですが、そのようなことをする必要はありません。なぜなら、この完全な接続の形の方が、実際にコンピュータ命令としてコード化するには簡単です。確かに特定のタスクを解決するために必要となる接続の数はもっと小さいでしょうが、少し多く接続を持っていても大きな害はないからです。

　これはどういう意味でしょうか？ これはネットワークの学習が進むと、いくつかの重みが 0 または 0 に近くなることを意味しています。重みが 0 あるいはほとんど 0 というのは、信号が伝わらないのですから、そのリンクがネットワークに何も影響を与えてないことを意味します。重みが 0 の場合、信号の値に 0 が乗じられ、結果として信号は 0 になります。つまりそのリンクは存在しないのと同じです。

- 生物学的な脳は、現代のコンピュータよりはるかに少ない記憶容量を持ち、はるかにゆっくりと動いている見えるにもかかわらず、飛行、食糧の探索、言語の学習、捕食者からの逃避などの洗練されたタスクを実行しているように見えます。
- 生物学的な脳は、従来のコンピュータシステムと比較して、損傷および不完全な信号に対しても非常に柔軟性があります。
- ニューロンの結合からなる生物学的な脳はニューラルネットワークの発想の源となっています。

■ Part 1 - どうやって動くのか

1.7 ニューラルネットワークを通る信号の追跡

　各ニューロンが前の層と後の層の各ニューロンに接続している3層からなるニューラルネットワークはかなり素晴らしいものに見えます。

　しかし、入力された信号が層を通ってどのようにして最終的な出力になるのかという計算を理解するのは、ちょっとひるんでしまうくらいに、厄介なことにも感じます。

　確かにその計算を追っていくのは面倒なことです。後でコンピュータを使ってそれをやってみるのですが、ニューラルネットワークの中で実際に起こっていること理解するために、計算の過程を追っていくことは重要です。なので、ここではもっと小さなニューラルネットワークでやってみましょう。以下の図のような2層でしかも、各層のニューロンは2つという単純なニューラルネットワークでやってみます。

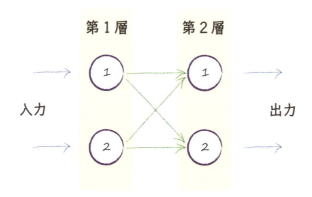

2つの入力が 1.0 と 0.5 であるとしましょう。以下の図は、この小さなニューラルネットワークに、この2つの数値が入力される様子を示しています。

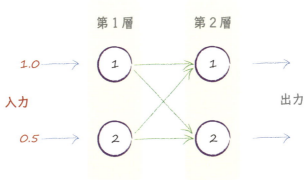

前に説明したように、各ノードでは活性化関数を使用して、入力の合計が出力に変換されます。活性化関数としては以前使ったシグモイド関数 $y = \frac{1}{(1+e^{-x})}$ を使います。ここで **x** はニューロンに入ってくる信号の合計であり、**y** はそのニューロンからの出力です。

重みはどうしましょうか？ それは非常に良い質問です。つまり重みの初期値をどうするかということですね。ここではランダムな値を初期値にしましょう。

$$w_{1,1} = 0.9$$
$$w_{1,2} = 0.2$$
$$w_{2,1} = 0.3$$
$$w_{2,2} = 0.8$$

初期値をランダム値にするのは、それほど悪くはありません。線形分類器の初期の勾配を決めたときにもランダム値にしました。その際のランダム値は分類器が訓練事例を使って学習することで改善されていきました。同じことがニューラルネットワークの重みについても言えます。

この小さなニューラルネットワークには、各層の2つのノードが互いに接続されているので4つの重みがあります。次の図では、これら4つの重みの値を記述しています。

■Part 1 - どうやって動くのか

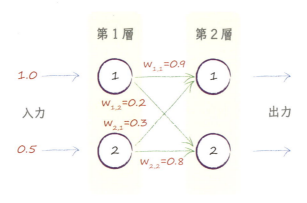

計算してみましょう。

第1層は入力層です。入力の信号が表現されているだけです。つまり入力値に活性化関数を被せることはありません。これは従来からそうしているからであって、特に理由はありません。繰り返します。ニューラルネットワークの第1層は入力層であり、その層は入力を表しているだけです。

入力層の第1ノードの入力値は1です。簡単です。そこに計算はありません。

次はいくつかの計算が必要な第2層です。第2層の各ノードに対して、入力を組み合わせて計算を行う必要があります。シグモイド関数 $y = \dfrac{1}{(1+e^{-x})}$ を思い出してください。この関数の中の x はノードに入ってきた組み合わされた入力です。この組み合わせは前の層から接続されているノードからの生の出力値ですが、ただ重みによって調整されています。次の図は以前見たものと似ていますが、今度は重みが付いている入力値に調整する必要があることを示しています。

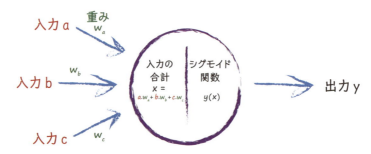

最初に第2層のノード1に注目してみましょう。第1層である入力層の2つのノードがこのノードに接続されています。入力ノードはそれぞれ 1.0 と 0.5 という値を持っています。第1のノードからのリンクには 0.9 の重みが付いており、第2のノードからのリンクには 0.3 の重みが付いています。よって組み合わされて調整した入力値は以下のようになります。

$$x = (第1ノードの出力 * 重み) + (第2ノードの出力 * 重み)$$
$$x = (1.0 * 0.9) + (0.5 * 0.3)$$
$$x = 0.9 + 0.15$$
$$x = 1.05$$

信号を調整しないのであれば、単純な足し算で 1.0 + 0.5 となりますが、それは私たちが欲するものではありません。ニューラルネットワークにおける学習では、より良い結果を得るために繰り返し改良されていくものが学習の対象であり、それが重みです。

したがって、2番目の層の第1のノードへ入力される結合された値は **x** = 1.05 となります。最後に活性化関数 $y = \frac{1}{(1+e^{-x})}$ を使用して、ノードの出力を計算します。ここで電卓を使うことをためらわないでください。答えは **y** = 1 /(1 + 0.3499) = 1 / 1.3499 なので **y** = 0.7408 となります。

素晴らしい計算です。これでこのネットワークの2つの出力ノードの中の1つから、実際の出力値が得られました。

残されている第2層のノード2での計算をやってみましょう。調整されて結合された入力値 **x** は次のとおりです。

$$x = (第1ノードの出力 * 重み) + (第2ノードの出力 * 重み)$$
$$x = (1.0 * 0.2) + (0.5 * 0.8)$$
$$x = 0.2 + 0.4$$
$$x = 0.6$$

今 x の値が出たので、活性化関数であるシグモイド関数を使って、ノードの出力 **y** を **y** = 1 / (1 + 0.5488) = 1 / (1.5488) と計算できます。これにより **y** = 0.6457 となります。

次の図は、ここで私たちが計算したネットワークの出力を示しています。

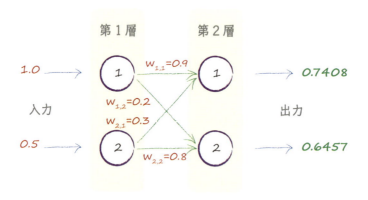

非常に単純化されたネットワークから2つの出力値を得るだけの計算でしたがかなり面倒でした。手作業で大規模なネットワークの計算などしたくはありません。幸いにも、コンピュータは飽きもせずに多くの計算を素早く完璧に行ってくれます。

そうであったとしても、2層以上の層を持ち、しかも各層に 4個や 8個あるいは 100個以上のノードを持つようなネットワークに対する計算の手順を書き出すことはしたくはありません。そのような計算の手順を書くことでさえも退屈であるし、おそらくすべての層のすべてのノードに対して計算手順を書くには、どこかで間違いを犯す可能性が高いでしょう。

幸いにも数学は、多くの層や多くのノードを持つようなニューラルネットワークであったとしても、その出力を計算するのに必要な情報を非常に簡潔に記述します。この簡潔さは人間だけではなく、コンピュータにとっても素晴らしいことです。なぜならその計算手順はずっと短いものになるし、その実行もずっと効率的なものになるからです。

この簡潔な記述には行列を使用します。次にこれを見ていきます。

1.8 行列の掛け算は有益・・・本当です！

　行列の評判はひどいです。学校で行列の掛け算を行うのに費やされた退屈で骨の折れる時間しかも一見無意味な時間を思い起こさせるからでしょう。

　先ほど各層に2つのノードを持つ 2層のネットワークの計算を行いました。これでも十分大変でしたが、各層に100個のノードを持つ5層のネットワークで同じ計算を行うことを想像してみてください。必要な計算をすべて書き出すだけでも膨大な作業になるでしょう。各層の各ノードに対して、信号を結合して、正しい重みを掛けて、活性化関数を適用して・・・。非常に大変です。

　では、行列はどのように役立つのでしょうか？ 行列は2つの点で有用です。1つは、ネットワーク上の計算を単純な短い圧縮した形式で表現することができるという点です。これは人間にとって素晴らしいことです。なぜなら人間はたくさんの計算をするのを嫌うからです。そのような計算は退屈だし、間違えやすいです。もう1つは、多くのコンピュータプログラミング言語では行列を扱うことができるという点です。現実の計算は反復的なものなので、行列を使うことで、コンピュータはその計算を非常に迅速かつ効率的に実行できるのです。

　要するに、行列を使えば、必要な計算を簡潔に表現することができ、しかもコンピュータはその計算を迅速かつ効率的に行えるということです。

　過去に学校で苦い経験をしたかもしれませんが、今は行列を使う理由がわかったと思います。行列を使ってみましょう。そしてそれがどういうものかを理解しましょう。

　行列は単なる表です。数字が入った長方形の格子です。これだけです。行列

はそれほど複雑ではありません。

　もし表計算ソフトの Google スプレッドシート を利用した経験があれば、セルに入れられた数値群に対して快適に計算したことがあるはずです。それを表と呼ぶ人がいますが、これは行列とも言えます。次の図は数値の入った スプレッドシートです。

　これは数値の入った表ですが、行列でもあります。次の例では行列の大きさは2行3列となっています。

$$\begin{pmatrix} 23 & 43 & 22 \\ 43 & 12 & 54 \end{pmatrix}$$

　行列の大きさを述べるのに、最初に行、次に列を言うのが一般的です。なので、この例の行列は「3列2行」の行列と言うのではなく、「2行3列」の行列と言います。

　また、行列を囲むのに角括弧を使用する人もいれば、丸括弧を使用する人もいます。

　実際には、行列の要素は数値である必要はありません、変数でもよいです。その場合、その変数にはまだ数値が割り当てられていないかもしれません。したがって、以下は行列を表しています。各要素は数値を持つことができる変数

ですが、まだ値は決まっていません。

$$\begin{pmatrix} \text{船の経度} & \text{飛行機の経度} \\ \text{船の緯度} & \text{飛行機の緯度} \end{pmatrix}$$

さて、行列の掛け算がどのように行われているかを見れば、行列が有用であることがわかります。行列の掛け算は学校で習っているので覚えているでしょう。でも、もし忘れていたら、ここで復習しましょう。

ここでは、2行2列の行列同士の掛け算の例を示します。

$$\begin{pmatrix} 1 & 2 \\ 3 & 4 \end{pmatrix} \begin{pmatrix} 5 & 6 \\ 7 & 8 \end{pmatrix} = \begin{pmatrix} (1*5)+(2*7) & (1*6)+(2*8) \\ (3*5)+(4*7) & (3*6)+(4*8) \end{pmatrix}$$

$$= \begin{pmatrix} 19 & 22 \\ 43 & 50 \end{pmatrix}$$

対応する要素を単純に掛けるだけではないことがわかります。答えの左上は 1*5 ではなく、また右下も 4*8 ではありません。

実際、行列の掛け算には異なる規則が使われます。上記の例を見れば、その規則は理解できるでしょう。もし理解できないなら、左上の要素の値がどのように計算されているかを示した以下の図を見てください。

$$\begin{pmatrix} \boxed{1 \quad 2} \\ 3 \quad 4 \end{pmatrix} \begin{pmatrix} \boxed{5} & 6 \\ \boxed{7} & 8 \end{pmatrix} = \begin{pmatrix} \boxed{(1*5)+(2*7)} & (1*6)+(2*8) \\ (3*5)+(4*7) & (3*6)+(4*8) \end{pmatrix}$$

$$= \begin{pmatrix} \boxed{19} & 22 \\ 43 & 50 \end{pmatrix}$$

■ Part 1 - どうやって動くのか

　左上の要素の数値は、1番目の行列の1行目と2番目の行列の1列目を使って計算されます。前ページの行と列の要素をそれぞれ掛けて、総和を取ります。つまり1番目の行列の1行目の1番目の要素 1 と 2番目の行列の1列目の1番目の要素 5 を取り出して、それらを掛けます。この結果 5 を保存しておきます。次に1番目の行列の1行目の2番目の要素 2 と 2番目の行列の1列目の2番目の要素 7 を取り出して、それらを掛けます。この結果 14 も保存しておきます。1番目の行列の1行目も 2番目の行列の1列目も最後の要素に達したので、これで終了して保存してあった数値 5 と14 の総和を取り 19 が得られます。この値が2つの行列を掛け算した結果の行列の左上の要素になります。

　説明は長かったですが、実際にやってみれば簡単です。ぜひやってみてください。次の例は右下の要素がどのように計算されるかを示しています。

$$\begin{pmatrix} 1 & 2 \\ 3 & 4 \end{pmatrix} \begin{pmatrix} 5 & 6 \\ 7 & 8 \end{pmatrix} = \begin{pmatrix} (1*5)+(2*7) & (1*6)+(2*8) \\ (3*5)+(4*7) & (3*6)+(4*8) \end{pmatrix}$$

$$= \begin{pmatrix} 19 & 22 \\ 43 & 50 \end{pmatrix}$$

　同じ手順でやってみます。計算しようとしている要素の対応している行と列は、1番目の行列の2行目と2番目の行列の2列目なので、それらの要素を掛けて (3 * 6) と (4 * 8) の結果を保存し、それらを足して 18 + 32 = 50 となります。

　他の要素も計算しておきます。左下は (3 * 5) + (4 * 7) = 15 + 28 = 43 として計算されます。同様に、右上は (1 * 6) + (2 * 8) = 6 + 16 = 22 となります。

　次の式は、数値ではなく変数を使って、行列の掛け算の規則を示しています。

$$\begin{pmatrix} a & b & .. \\ c & d & .. \end{pmatrix} \begin{pmatrix} e & f \\ g & h \\ .. & .. \end{pmatrix} = \begin{pmatrix} (a*e)+(b*g)+... & (a*f)+(b*h)+... \\ (c*e)+(d*g)+... & (c*f)+(d*h)+... \end{pmatrix}$$

$$= \begin{pmatrix} ae+bg+... & af+bh+... \\ ce+dg+... & cf+dh+... \end{pmatrix}$$

これは行列の掛け算を説明する別の方法になっています。数値に対応する文字を利用して、行列の掛け算の一般的なやり方を示しています。これは、大きさの異なる行列にも適用できるため、一般的なやり方です。

大きさの異なる行列でも適用できると言いましたが、重要な制限があります。どのような2つの行列でも掛け算ができるわけではなく、2つの行列には互換性が必要です。1番目の行列の行の要素をたどり、2番目の行列の列の要素をたどるときに、すでにこの制限に気づいたかもしれません。1番目の行列の"行の要素数"（つまり列数）と2番目の行列の"列の要素数"（つまり行数）が一致しないと、行列の掛け算はできないのです。したがって、2行2列の行列に5行5列の行列を掛けることはできません。試してみれば、それができないことはすぐにわかります。行列の掛け算を行う場合、1番目の行列の列数と2番目の行列の行数とが等しくなければなりません。

このような行列の掛け算はドット積または内積と呼ばれています。実際には、外積などの異なった行列の掛け算の形式もありますが、ここで用いるのはドット積です。

しかし、なぜ恐ろしい行列の掛け算と不快な代数を使う必要があるのでしょうか？ そこには非常に良い理由があるのです。

行列内の変数である文字をニューラルネットワークにとってより意味のある単語、ここでは input に置き換えるとどうなるかを次の図で見てみましょう。2番目の行列は2行1列になりますが、行列の掛け算のやり方は同じです。

$$\begin{pmatrix} w_{1,1} & w_{2,1} \\ w_{1,2} & w_{2,2} \end{pmatrix} \begin{pmatrix} input\_1 \\ input\_2 \end{pmatrix} = \begin{pmatrix} (input\_1 * w_{1,1}) + (input\_2 * w_{2,1}) \\ (input\_1 * w_{1,2}) + (input\_2 * w_{2,2}) \end{pmatrix}$$

奇跡です。

　1番目の行列には、2つの層のノード間の重みが入っています。2番目の行列には、1番目の層である入力層の信号が入っています。これら2つの行列の掛け算の結果は、2番目の層のノードに入る調整されて結合された信号になります。注意してみれば、こうなっていることは確認できます。第1のノードは input_1 を重み $w_{1,1}$ で調整した値に、input_2 を重み $w_{2,1}$ で調整した値を加えたものになっています。これは活性化関数のシグモイド関数が適用される前の **x** の値です。

　次の図はさらに明確にこのことを示しています。

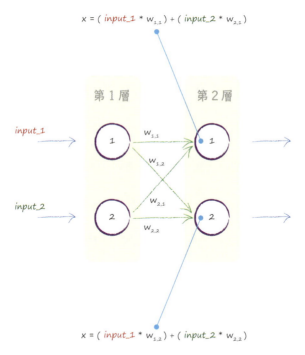

これは本当にとても便利です！

　どうしてでしょうか？　これは第2層の各ノードに入ってくる調整されて結合された信号 **x** を行列の掛け算を利用して表現できるからです。そしてこれは次の式のように簡潔に表現することができます。

$$X = W \cdot I$$

つまりWは重みの行列、I は入力の行列、X は第2の層に入る調整され結合された信号の行列です。しばしば行列を表す文字は、それが単なる数字ではなく行列であることを示すために、太字で書かれます。

各層にどれくらいの数のノードがあるかを気にする必要はありません。ノードが増えれば、確かに行列は大きくなります。しかし、行列が大きくなっても、その記述を長くする必要はありません。2 つの要素であっても、200 の要素であっても、単に $W \cdot I$ と書くだけです。

さて、コンピュータプログラミング言語が行列を扱うことができるなら、各層の各ノードについて個々の計算手順を与えなくても、$X = W \cdot I$ と書くだけで、多くの計算を行うことができます。

素晴らしいです！行列の掛け算を理解する努力をすれば、多くの作業をしなくても、行列の掛け算を利用してニューラルネットワークを実装することができます。

活性化関数はどうすればよいでしょうか？ これは簡単です。行列の掛け算が不要だからです。必要なことは行列 X の個々の要素にシグモイド関数 $y = \frac{1}{(1+e^{-x})}$ を適用するだけです。

あまりにも簡単そうですが、異なるノードからの信号を結合していないので、これでよいのです。これはすでに確認しています。答えは X です。以前見てきたように、活性化関数は生物学的ニューロンに見られるようなものであり、単に閾値を適用するだけです。なので、2番目の層の最終出力は次のようになります。

$$O = \text{sigmoid}(X)$$

太字で書かれた O は、ニューラルネットワークの対象としている層の出力が入っている行列です。

式 X = W・I は、ある層とその次の層との間の計算に適用されます。もし層が3つの場合、2番目の層の出力を3番目の層への入力として使用して行列の掛け算をもう一度行います。

十分な理論が揃いました。実際の例でどのように動作するかを見てみましょう。今度は、各層のノードが3つの層からなるこれまでよりちょっと大きなニューラルネットワークを使用します。

- ニューラルネットワーク内で行われる信号を送るために必要な多くの計算は、行列の掛け算として表すことができます。
- ニューラルネットワーク内の計算は行列の掛け算を使うことで、ネットワークのサイズにかかわらず、その計算の記述が非常に簡潔になります。
- さらに重要なことに、いくつかのコンピュータプログラミング言語は行列を扱うことができます。ニューラルネットワークでの計算と行列の掛け算とは、基礎となる部分が似ています。このために、行列の掛け算を使うことで、ニューラルネットワークでの計算を効率的かつ迅速に行うことができます。

1.9 行列の掛け算を扱った3層の例

　ニューラルネットワーク内の計算は行列を利用して行いましたが、ニューラルネットワークを通して最終的な出力を出すところまでは、まだやっていません。また2層以上の層を持つネットワークも扱っていません。そのようなネットワークは興味深いものです。なぜなら中間層の出力を最終の3層目の層の入力として扱う方法が必要になってくるからです。

　次の図は各層が3つのノードを持つ3層のニューラルネットワークの例です。図を見やすくするために、一部の重みの記述は省略しています。

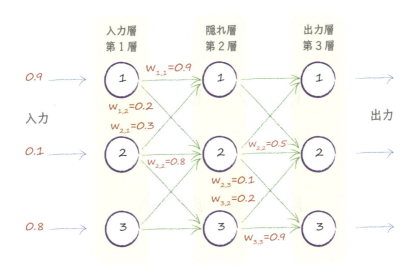

　ここでよく使われる用語を紹介しておきます。最初の層は、ご存じのように、入力層と言います。最後の層は、これもご存じのように、出力層と言います。そして中間の層は隠れ層と呼ばれます。これは神秘的で暗い響きですが、

71

残念ながら、その層が神秘的で暗いからという理由からではありません。中間層の出力が必ずしも表に出るわけではない、つまり「隠されている」ので、そのような名前になっています。この理由に説得力はありませんが、実際、名前の理由とはそういうものです。

　この図で示されているネットワークを試してみましょう。3つの入力を 0.9、0.1、0.8 とします。このとき入力の行列 I は次のようになります。

$$I = \begin{pmatrix} 0.9 \\ 0.1 \\ 0.8 \end{pmatrix}$$

　これは簡単です。最初の層がやることは、これがすべてです。なぜなら入力層が行うことは、単に入力を表すだけだからです。

　次は中間の隠れ層です。この隠れ層の各ノードへ入力される重み付けされて結合された信号を調べる必要があります。この隠れ層の各ノードは、入力層のすべてのノードと結合されていることに注意してください。つまり隠れ層の各ノードには、各入力信号の一部が入力される形になっています。ここでは以前行ったような細かい計算は行わず、行列を使ってみましょう。

　先ほど見てきたように、この中間層への重み付けされて結合された入力 X は X = W・I となります。ここで I は入力信号の行列で、W は重みの行列です。I はわかっていますが、W はどんな値になっているでしょうか。先の図では、一部の（設定した）重みだけが示されており、すべての重みが示されているわけではありません。以下にすべての重みを記しておきますが、これらの値はランダムに設定されたものであることに注意してください。

$$W_{input\_hidden} = \begin{pmatrix} 0.9 & 0.3 & 0.4 \\ 0.2 & 0.8 & 0.2 \\ 0.1 & 0.5 & 0.6 \end{pmatrix}$$

先のネットワーク図で示されているように、入力層の第1ノードと隠れ層の第1ノード間の重みは $w_{1,1}$ = 0.9 です。同様に、入力層の第2ノードと隠れ層の第2ノード間の重みは $w_{2,2}$ = 0.8 です。図では入力層の第3のノードと隠れ層の第1のノード間の重みは示されていませんが、この値は $w_{3,1}$ = 0.4 と設定されています。$w_{i,j}$ の行列内の位置に注意してください。i が列で、j が行です。

　しかし待ってください。なぜ **W** の添え字に "input_hidden" と書かれているのでしょうか？ これは W_{input_hidden} が入力層と隠れ層の間の重みを表しているからです。同様に、隠れ層と出力層の間の重みの行列も必要です。それをここではそれを W_{hidden_output} としました。

　以下は W_{hidden_output} の具体的な値を示したものです。例えば隠れ層の第3ノードと出力層の第3ノード間の重みが $w_{3,3}$ = 0.9 となっていることがわかります。

$$W_{hidden\_output} = \begin{pmatrix} 0.3 & 0.7 & 0.5 \\ 0.6 & 0.5 & 0.2 \\ 0.8 & 0.1 & 0.9 \end{pmatrix}$$

　素晴らしいです。重みの行列は各リンクの重みを並べているのです。

　入力層からの信号に重みを付けて結合して隠れ層へ伝えてみましょう。この隠れ層への入力に名前を付ける必要があります。出力層ではなく隠れ層への入力なので、X_{hidden} としておきましょう。つまり以下が成り立ちます。

$$X_{hidden} = W_{input\_hidden} \cdot I$$

　ここでは行列の掛け算を手計算で行うことはやめておきます。なぜなら行列を使うことがここでの目的だからです。添え字の処理などの面倒な部分はコンピュータに任せればよいのです。答えは次のように計算されます。

$$X_{hidden} = \begin{pmatrix} 0.9 & 0.3 & 0.4 \\ 0.2 & 0.8 & 0.2 \\ 0.1 & 0.5 & 0.6 \end{pmatrix} \cdot \begin{pmatrix} 0.9 \\ 0.1 \\ 0.8 \end{pmatrix}$$

$$X_{hidden} = \begin{pmatrix} 1.16 \\ 0.42 \\ 0.62 \end{pmatrix}$$

　この計算にはコンピュータを使いました。この本のPart 2ではプログラミング言語 Python を利用して、この計算をやってみます。今はコンピュータソフトウェアに気を取られたくないので、ここではその説明はしません。

　以上から、隠れ層への入力が得られました。それは 1.16、0.42 および 0.62 です。この困難な計算を行列で行いました。これは誇りに思ってもよいことです。

　隠れ層への入力を図に描いてみましょう。

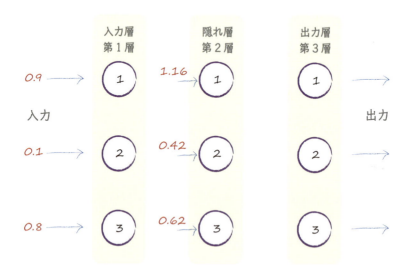

これまでのところうまくいっていますが、やるべきことがまだあります。これらの信号には活性化関数であるシグモイド関数を適用して、自然界で見られる信号の応答のようにします。やってみましょう。

$$O_{hidden} = \text{sigmoid}(X_{hidden})$$

X_{hidden} の各要素にシグモイド関数が適用され、隠れ層の出力となる行列を生成します。

$$O_{hidden} = \text{sigmoid} \begin{pmatrix} 1.16 \\ 0.42 \\ 0.62 \end{pmatrix}$$

$$O_{hidden} = \begin{pmatrix} 0.761 \\ 0.603 \\ 0.650 \end{pmatrix}$$

第1の要素で確認してみましょう。まずシグモイド関数は $y = \frac{1}{(1+e^{-x})}$ です。$x = 1.16$ のとき、$e^{-1.16}$ は0.3135 なので、$y = 1 / (1 + 0.3135) = 0.761$ となります。

シグモイド関数はすべての値に対して、0 と1の間の値を出力します。ロジスティック関数のグラフを見れば、これを視覚的に確認できます。

ちょっと休憩して、やってきたことを確認しましょう。調べたのは信号が中間層をどのように通るか、つまり中間層で行われる計算です。中間層の入出力とも言えます。もっと明確に言えば、結合された値が中間層に入力され、それに対して活性化関数を適用して出力しています。この新しい情報で図を更新しましょう。

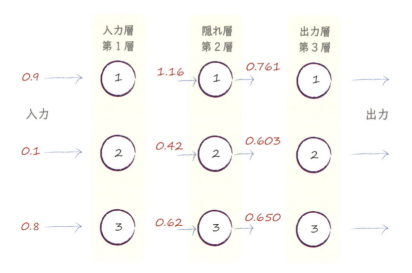

　もし2層ニューラルネットワークであった場合、第2層からの出力が最終の出力なので、これで終わりです。ただここでは3層のニューラルネットワークを扱っているので、これで終わりではありません。

　第3層の信号はどうやって計算するのでしょうか？ 実は、第2層と同じやり方でよく、実際に違いはありません。信号が第2層に入ったのと同じように、第3層にもまた信号が入ってきます。また第2層から第3層への重み行列も持っており、自然界に見られるような応答をするための活性化機能も持っています。覚えておくべきことは、層が何層であっても、各層を結合する入力信号と、入力信号に重みを付ける重み付きのリンクと、その層からの出力を生成する活性化関数を使って、各層の入出力を計算できるということです。第何層目の処理を行っているかを気にする必要はありません。どの層でも計算方法は同じだからです。

　ですので、これまでのように最終層に入る信号 $X = W \cdot I$ を解読して計算してみましょう。

　この最終層の入力は第2層の出力 O_{hidden} です。また重み W_{hidden_output} は、第2層と第3層間のリンクに付けられた重みであり、第1層と第2層間で使った重みではありません。

$$X_{output} = W_{hidden\_output} \cdot O_{hidden}$$

以前と同じ処理を行うと、出力層への入力に重みを付けて、次の結果が得られます。

$$X_{output} = \begin{pmatrix} 0.3 & 0.7 & 0.5 \\ 0.6 & 0.5 & 0.2 \\ 0.8 & 0.1 & 0.9 \end{pmatrix} \cdot \begin{pmatrix} 0.761 \\ 0.603 \\ 0.650 \end{pmatrix}$$

$$X_{output} = \begin{pmatrix} 0.975 \\ 0.888 \\ 1.254 \end{pmatrix}$$

これで更新された図には、最初の入力から最終層の入力まで、信号がどのように変化していったかの進捗状況が示されています。

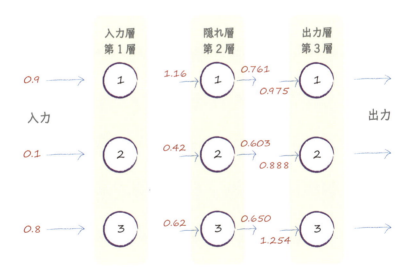

残っているのは、シグモイド関数を適用することだけです。これは簡単です。

$$O_{output} = \text{sigmoid} \begin{pmatrix} 0.975 \\ 0.888 \\ 1.254 \end{pmatrix}$$

$$O_{output} = \begin{pmatrix} 0.726 \\ 0.708 \\ 0.778 \end{pmatrix}$$

これで終わりです。ニューラルネットワークからの最終出力が得られました。これも図に表示しておきましょう。

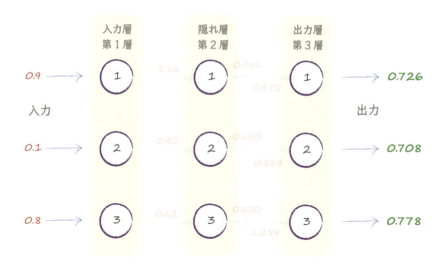

したがって、この例の3層からなるニューラルネットワークの最終出力は、0.726, 0.708 および 0.778 となりました。

ここでは、ニューラルネットワークへの最初の入力から、層を通って、そして最終の出力層からの出力までを追跡しました。

　次は何をすべきでしょうか？

　次のステップでは、ニューラルネットワークの出力と訓練データとを比較し、誤差を計算します。ニューラルネットワーク自体を改良して、その出力をより良いものにするには、前出の誤差を利用しなければなりません。

　これはおそらく理解するのが最も難しいところです。次の1.10節から丁寧にそのアイデアを説明します。

■ Part 1 - どうやって動くのか

1.10 2つ以上のノードからの重みの学習

　以前の章では、ノードが持つ線形関数のパラメータである傾きを調整することによって、線形分類器を改善していきました。この改善を行うために、ノードが答えとして生成する値と既知である真の答えとの差、つまり誤差を使いました。誤差と必要な傾きの調整値との間の関係が単純でしたので、その改善は簡単なものでした。

　複数のノードが出力に影響し、その結果として誤差が発生した場合、リンク重みはどうやって更新すればよいでしょうか？ 次の図はこの問題を示しています。

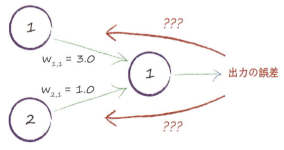

　1つのノードからの信号だけが出力のノードに渡されるときは簡単です。2つのノードからの場合は、どのように誤差を利用すればよいのでしょうか？

　1つの重みだけを更新するために、すべての誤差を使用しても意味がありません。これは他のリンクとその重みを無視しているからです。誤差は複数のリンクが影響した結果なのです。

　多くのリンクの中の1つだけが誤差に影響する確率は非常に小さく、そのような場合を考えることに意味ありません。正しく重みを変更しても、その結果

は悪くなるときもありますが、繰り返しの中で改善されていくので、すべてが失われるわけではありません。

1つのアイデアは、次に示すように、すべての影響を与えているノードに誤差を均等に分配することです。

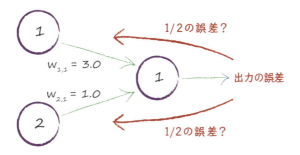

もう1つのアイデアも、誤差を分割しますが、等分にはしません。代わりに、より大きな重みを持つ接続に、より多くの誤差を分配します。なぜでしょうか？ これは重みが大きいほど、誤差に影響を与える度合いが大きいからです。次の図はこのアイデアを示したものです。

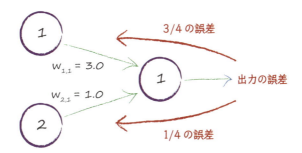

ここに出力ノードの信号に影響を与える2つのノードがあります。リンクの重みは 3.0 と1.0 です。これらの重みに比例して誤差を分割するとしたら、出力の誤差の4分の3が1番目の大きな方の重みを更新するのに使われ、4分の1が2番目の小さな方の重みを更新するのに使われます。

このアイデアは、もっと多くのノードにも拡張することができます。もし出力のノードに100個のノードが接続されている場合、各々のリンクの重みの大きさに応じて誤差を分配します。

重みは2つの場面で使われます。1つはニューラルネットワークの入力層から出力層に向かって信号を伝搬させる際に使われます。これについては前章までに詳しく述べました。もう1つはニューラルネットワークの出力層から入力層に向かって誤差を伝搬させる際に使われます。2番目の手法が誤差逆伝播と呼ばれる理由はここから来ています。

出力層に2つのノードがある場合は、2番目のノードでも1番目のノードと同じことを行います。出力層の2番目のノードにおける誤差も、接続されているリンクにその重みに従って分配されます。これを次に見てみましょう。

1.11 出力層のさらに多くのノードからの誤差逆伝播

次の図は、入力層のノードが2つである単純なネットワークを示していますが、出力層のノードも2つあります。

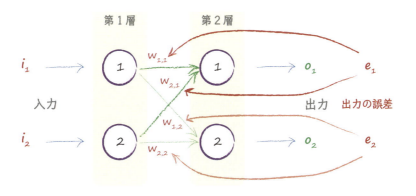

出力層の2つのノードは誤差を発生する可能性があります。実際にこのネットワークが学習済みのものでなければ、非常に高い確率で誤差が発生するでしょう。2つの出力ノードの誤差を利用して、ネットワーク内のリンクの重みを改善できます。先ほどと同じやり方が使えます。つまり重みの大きさに応じて誤差を分配するのです。

実際に複数の出力ノードがありますが、やり方は変わりません。最初の出力ノードで行ったことを、2番目の出力ノードに対して繰り返すだけです。なぜこんなに簡単なのでしょうか？ ある出力ノードに接続しているリンクは他の出力ノードに接続しているリンクとは無関係だからです。この2つのリンクの集合間に依存関係はありません。

この図をもう一度見てください。第1の出力ノードの誤差は e_1 とされています。この誤差 e_1 は訓練データによって与えられている理想的な出力値 t_1 と現実の出力値 o_1 との差です。つまり $e_1 = (t_1 - o_1)$ です。第2の出力ノードの誤差は e_2 としています。

この図から誤差 e_1 は、重み w_{11} と w_{21} を持つリンクに比例して分配されていることがわかります。同様に、誤差 e_2 は重み w_{12} と w_{22} に比例して分配されます。

後で疑問に思わないように、これらの分配された値を計算しておきましょう。誤差 e_1 は、重み w_{11} および w_{21} の両方を改善するために使用されます。w_{11} を改善するために使用される e_1 の割合は以下です。

$$\frac{w_{11}}{w_{11} + w_{21}}$$

同様に、w_{21} を改善するために使用される e_1 の割合は以下です。

$$\frac{w_{21}}{w_{11} + w_{21}}$$

ここらはパズルのように見えるかもしれないので、ここで何をやっているのかを説明しましょう。これらの記号の背後には非常に単純なアイデアがあります。それは誤差が大きな重みには大きい割合で分配され、小さな重みには小さい割合で分配されるということです。

もし w_{11} が w_{21} の2倍、例えば $w_{11} = 6$ および $w_{21} = 3$ などの場合、w_{11} を更新するために使用される e_1 の割合は $6 / (6 + 3) = 6/9 = 2/3$ です。もう1つの小さい方の重み w_{21} に対しては、e_1 の残りの 1/3 を分配するはずですが、これは $3 / (6 + 3) = 3/9$ の式を使って確かめることができます。

もし重みが等しい場合、割合は1/2になります。これを見てみましょう。例として $w_{11} = 4$、$w_{21} = 4$ とすると、どちらの割合も $4 / (4 + 4) = 4/8 = 1/2$ となります。

さらに先に進む前に、いったん立ち止まり、距離を置いて、今までやったことを見てみましょう。ネットワーク内のいくつかのパラメータ（この場合はリンクの重み）を改善するために、誤差を利用する必要がありました。ニューラルネットワークの出力層に接続されているリンクの重みに対して、これを行う方法を見てきました。また複数の出力ノードがある場合には、出力ノードごとに同じことを行うだけなので、複雑ではないこともわかりました。素晴らしいです！

次の疑問は2つ以上の層がある場合にはどうするかです。出力層からさらに戻った層にあるリンクの重みをどうやって更新するのでしょうか？

■ Part 1 - どうやって動くのか

1.12 さらに多くの層への誤差逆伝播

次の図は、入力層、隠れ層、出力層の3層からなる単純なニューラルネットワークです。

右側の出力層から作業を始めます。まずその出力層の誤差を使用して、出力層へ接続されているリンクの重みを調整することができます。ここで出力の誤差をより一般的に e_{output} と書き、隠れ層と出力層の間のリンクの重みを w_{ho} と書くことにします。重み自体の大きさに比例して誤差を分配することによって、各リンクに渡す誤差を計算しました。

これを図で表現すれば、新しい追加の層のために必要なことがわかります。単に隠れ層のノードの出力から導出される誤差 e_{hidden} を受け取り、それを再度入力層と隠れ層間のリンクの重み w_{ih} の大きさに応じて分配すれば良いのです。次の図は、この関係を示しています。

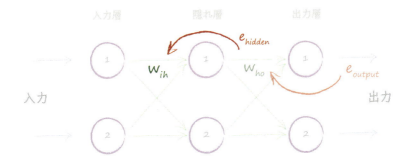

　さらに多くの層がある場合は、最終的な出力層から後ろ向きに作業を進めて、各層に同じ作業を繰り返し行います。誤差の情報の流れは直感的に理解できます。この作業が誤差逆伝播と呼ばれる理由がわかると思います。

　最初に出力層のノードの誤差 e_{output} を使用した場合、隠れ層のノードの誤差 e_{hidden} はどうなるでしょうか？ これは良い質問です、なぜなら隠れ層のノードの誤差はわかっていないからです。ただ入力信号は順方向に計算されているので、隠れ層の各ノードが実際にある出力を行っているはずです。また隠れ層のノードに入力される信号は、入力層からの出力が加重和され、その加重和された結果に活性化関数が適用されたものです。この状況でどうやって誤差を計算するのでしょうか？

　隠れ層のノードに対する真の出力や目標とすべき出力はわかっていません。単に訓練データから、最終の出力層のノードに対する目標とすべき出力がわかっているだけです。もう一度上の図を見て考えてみましょう。隠れ層の最初のノードは出力層の2つのノードにリンクが張られています。そして前述したように、これらリンクのそれぞれに出力の誤差が分配されます。これは隠れ層のノードから生じている誤差の一部を意味しています。隠れ層のノードに対する目標値がわからないので、分配された誤差を再結合して、隠れ層のノードに対する誤差を定めるというのは、良いやり方です。次の図はこのアイデアを示しています。

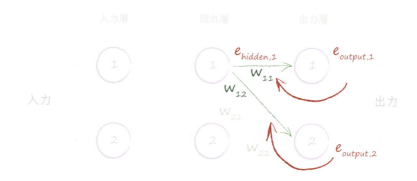

　何をしているかは明らかですが、もう一度確認してみます。隠れ層へ接続されているリンクの重みを更新するためには、隠れ層のノードに対する誤差が必要です。これを e_{hidden} とします。しかしこの値については未知です。なぜなら誤差は目標値と実際の出力値との差であり、訓練データでは最終の出力ノードに対する目標値だけが示されているからです。

　訓練データは出力ノードからの出力がどのようなものであるべきかだけを示しています。他の層のノードの出力がどのようなものであるべきかはわかりません。これがパズルの中核です。

　前述した誤差逆伝播を使ってリンクに対して分配された誤差を再結合することができます。隠れ層の最初のノードの誤差は、そのノードと次の層のノードとのリンクに分配された誤差の和です。上の図で、重み w_{11} を持つリンクに対する出力の誤差 $e_{output,1}$ と重み w_{12} を持つリンクに対する2番目の出力ノードの誤差 $e_{output,2}$ があります。

　上記の点を書き留めておきましょう。

$$e_{hidden,1} = w_{11} と w_{12} のリンクに分配された誤差の和$$

$$= e_{output,1} * \frac{w_{11}}{w_{11} + w_{21}} + e_{output,2} * \frac{w_{12}}{w_{12} + w_{22}}$$

以下の図では実際の数値を与えた3層のネットワークの誤差逆伝播を示しています。これを使えば前ページのやり方が実際に使えることがわかります。

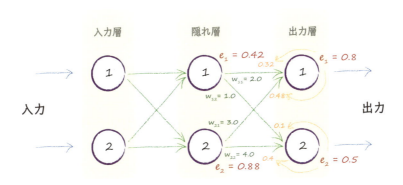

ある誤差を追跡してみましょう。出力層の2番目のノードには 0.5 の誤差があり、そのノードへは重み 1.0 と 4.0 を持つ2つのリンクが来ているので、重みの大きさで誤差を分配すると 0.1 と 0.4 になります。また隠れ層の2番目のノードにおける再結合された誤差としては、そのノードが結合しているリンクに分配された誤差の和なので、ここでは 0.48 と 0.4 を足して 0.88 が得られます。

次の図は、上述した作業を前の層に向かって、繰り返し行った結果を示しています。

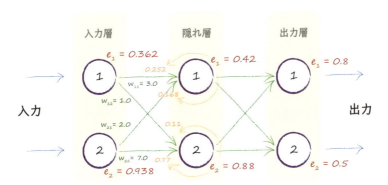

- ニューラルネットワークはリンクの重みを改善することによって学習を行います。これは誤差、つまり訓練データによって与えられた正しい答えと実際の出力の差から導かれます。
- 出力ノードでの誤差は、単に所望の出力と実際の出力との差です。
- しかし、内部のノードの誤差は明らかではありません。誤差を決める１つの方法は、出力層の誤差を接続されているリンクの重みの大きさに応じて分配していき、それら分配された誤差を再結合することです。

1.13 行列の掛け算による誤差逆伝播

　行列の掛け算を利用して、面倒な計算を簡単化できるでしょうか？ 以前、入力信号を順伝播する計算を行ったとき、行列の掛け算は簡単化に大変役立ちました。

　行列の掛け算を利用して誤差逆伝播を簡単化できるかどうか確認するために、記号を利用して各ステップの処理を書き出してみましょう。ちなみに、この処理はベクトル化と言います。行列の形式で多くの計算を表現することができれば、プログラミングも簡単になるし、コンピュータによるその処理はより効率的になります。なぜならそこでは、実行すべき必要がある計算の繰り返しの類似性を利用できるからです。

　出発点は、出力層で生じる誤差（error）です。ここでは出力層には2つのノードしかないので、これらを e_1 と e_2 とします。

$$error_{output} = \begin{pmatrix} e_1 \\ e_2 \end{pmatrix}$$

　次に隠れ層の誤差に対する行列を作成しましょう。難しい感じがしますので、少しずつやりましょう。最初に注目するのは隠れ層の第1のノードです。前出した図をもう一度見ると、隠れ層の第1のノードの誤差には、このノードから出力層へ接続している2つのパスが影響していることがわかります。これら2つのパスを通って、出力層の誤差がそれぞれ $e_1 * w_{11} / (w_{11} + w_{21})$ と $e_2 * w_{12} / (w_{12} + w_{22})$ と分解されて渡されます。次に隠れ層の2番目のノードに注目すると、今と同じやり方で、$e_1 * w_{21} / (w_{21} + w_{11})$ と $e_2 * w_{22} / (w_{22} + w_{12})$ の誤差が渡されることが確認できます。

したがって隠れ層に対して以下の行列の式が成立します。ただこれは想定したものよりも少し複雑です。

$$error_{hidden} = \begin{pmatrix} \dfrac{w_{11}}{w_{11}+w_{21}} & \dfrac{w_{12}}{w_{12}+w_{22}} \\ \\ \dfrac{w_{21}}{w_{21}+w_{11}} & \dfrac{w_{22}}{w_{22}+w_{12}} \end{pmatrix} \cdot \begin{pmatrix} e_1 \\ e_2 \end{pmatrix}$$

　これがすでに利用可能な行列の掛け算として書き直すことができれば成功です。ここで利用可能な行列とは重みの行列、流される信号の行列、そして出力誤差の行列です。これらを使って上述した行列の式を記述できれば、大きなメリットがあることを思い出してください。

　ただ残念ですが、以前行った信号の順方向の処理と同じようなやり方で、単純な行列の掛け算に変えることはできません。上に書いている巨大でごちゃごちゃした行列の式を分解していくのは難しいのです。このごちゃごちゃした行列をとりあえず単純な行列の組み合わせに分割することができれば、どうにかなるかもしれません。

　やってみましょう。計算を効率的に行うためには、行列の掛け算が本当に必要なのですから。

　少し変形してみます。

　上の式をもう一度見てください。最も重要な部分はリンクの重み w_{ij} と出力誤差 e_n との掛け算です。重みが大きいほど、より多くの出力誤差が隠れ層に戻されます。これが重要ポイントです。戻される誤差は分数になっていますが、その分母は一種の正規化因子です。もしこの部分を無視すると、戻される誤差の大きさを失うだけです。つまり $e_1 * w_{11} / (w_{11} + w_{21})$ は、はるかに単純な $e_1 * w_{11}$ になります。

これを行うと、行列の掛け算が簡単な以下の形になります。

$$error_{hidden} = \begin{pmatrix} w_{11} & w_{12} \\ w_{21} & w_{22} \end{pmatrix} \cdot \begin{pmatrix} e_1 \\ e_2 \end{pmatrix}$$

上の式の重み行列は以前に構築したものと似ていますが、右上が左下に、左下が右上になるように対角線に沿って反転されています。これは転置行列と呼ばれるものです。w^Tと書かれます。

以下に実際の数値を使った転置行列の2つの例を示します。この例で転置行列がどういったものかはっきりわかるでしょう。行列の行数と列数が異なっていても、同じように転置行列を作ることができます。

$$\begin{pmatrix} 1 & 2 & 3 \\ 4 & 5 & 6 \\ 7 & 8 & 9 \end{pmatrix}^T = \begin{pmatrix} 1 & 4 & 7 \\ 2 & 5 & 8 \\ 3 & 6 & 9 \end{pmatrix}$$

$$\begin{pmatrix} 1 & 2 & 3 \\ 4 & 5 & 6 \end{pmatrix}^T = \begin{pmatrix} 1 & 4 \\ 2 & 5 \\ 3 & 6 \end{pmatrix}$$

これで目標としていたもの、つまり誤差逆伝播に対する行列の掛け算による以下の表現が得られます。

$$error_{hidden} = w^T_{hidden\_output} \cdot error_{output}$$

これは素晴らしい式ですが、正規化因子を排除しているので、大丈夫なのでしょうか？実は気にしなくて大丈夫です。ここで示した誤差逆伝播の方法は、以前に計算したものものと同じように機能します。この本（原著）のサポートページには、誤差を伝播するいくつかの異なる方法が示されています。しかし、ここでの方法がうまくいくなら、ここでの方法を使いましょう。

もっと深く掘り下げたい人のために、以下のことを示しておきます。大きすぎたり小さすぎたりした誤差が逆伝播されたとしても、次回の学習の反復の間にそれらは修正されます。重要なのは、逆伝播される誤差は、リンクの重みを反映しているということです。なぜならリンクの重みが誤差の要因を分配するための最良の指標だからです。

私たちはたくさんの仕事をしました。

- 誤差逆伝播は行列の掛け算で表すことができます。
- これによりネットワークの大きさにかかわらず学習の処理を簡潔に表現することができます。つまり行列計算が使えるコンピュータ言語でプログラムすれば、効率的かつ迅速にプログラミングが可能になります。
- これは行列の計算により、順方向の計算と誤差逆伝播が効率的に行えることを意味します

次の最後の理論の節は本当にすっきりしていますが、新鮮な脳が必要なので、十分な休憩を取ってください。

1.14 実際にどうやって重みを更新するの？

　この本では、まだ、ニューラルネットワークのリンクの重みをどうやって更新するかという中心的な問題は扱っていません。ここまでにこの問題を扱うための準備をしてきましたが、ほぼ準備は整いました。ただその前に理解しておくべきもう1つの重要事項があります。

　これまでは、誤差をネットワークの各層に伝播させていきました。でもどうしてこういうことをするのでしょうか？　それは、ニューラルネットワークの応答を改善するためにリンクの重みを調整しますが、その調整に誤差が利用されるからです。これは、基本的に、この本の最初に線形分類器を使用して解説しました。

　しかし、ニューラルネットのノードは単純な線形分類器ではありません。これらの若干洗練されたノードは、入力される重み付き信号を総和し、それをシグモイド関数に適用した結果を出力します。では、これらのより洗練されたノード間を結ぶリンクの重みを実際にどのように更新するのでしょうか？　重みが何であるべきかを直接求めるために、何らかの派手な代数を使うことはできないのでしょうか？

　そのような派手な代数を使うことはできません。なぜならその派手な代数はあまりにも難しいからです。ネットワークを介して信号を順方向に流すときに、適用される重みの組み合わせが多すぎるだけでなく、関数の関数の関数の・・・の組み合わせが多すぎます。以前扱った各層に3つのノードを持つ3層の小さなネットワークを考えてみてください。入力層の第1ノードと隠れ層の第2ノードとの間のリンクの重みをどれくらい調整すれば、出力層の第3ノードが例えば 0.5 だけ増加するのでしょうか？　運良くうまくいったとしても、異なる出力ノードを改善するために別の重みを調整すると、その効果が損なわれ

る可能性があります。この問題の解決は、明らかなことではないのです。

各層に3つのノードを持つ単純な3層のネットワークに対して、入力に対する出力を与える関数の次の恐ろしい表現を見てみましょう。ノード i の入力は x_i であり、入力ノード i と隠れ層のノード j とを結ぶリンクの重みは $w_{i,j}$ であり、同様に隠れ層のノード j の出力は x_j であり、隠れ層のノード j と出力層のノード k とを結ぶリンクの重みは $w_{j,k}$ です。その面白い記号 $\sum_{j=a}^{b} f(j)$ は、j の値を a から b まで動かしながら各 f(j) を足し込むことを意味します。

$$o_k = \frac{1}{1+e^{-\sum_{j=1}^{3}(w_{j,k} \cdot \frac{1}{1+e^{-\sum_{i=1}^{3}(w_{i,j} \cdot x_i)}})}}$$

大変です！ これを解こうとは思わないでください。

うまく解こうとするのではなく、良い重みの組み合わせが見つかるまで、ランダムな組み合わせを試すのはどうでしょう？

実は、難しい問題を解こうとするとき、このやり方は必ずしも馬鹿げたやり方ではありません。このやり方は、ブルートフォース法と呼ばれています。パスワードを破るためにブルートフォース法を使う人もいます。パスワードは英語の単語で長すぎるものではないので、家庭用のコンピュータでも全組み合わせを計算できます。ただし、ここではブルートフォース法は使えません。例えば、0.501、-0.203、0.999 のように、それぞれの重みが -1 と +1 の間の 1000 通りの可能性を持つと仮定します。各層に 3つのノードを持つ3層のネットワークの場合、18個の重みがあるため、テストする可能性は 18,000 通りです。各層に 500個のノードを持つ典型的なネットワークの場合は、テストする可能性は約5億あります。各組み合わせの計算に1秒かかった場合、1つのトレーニングの例の後では、これを更新するには16年かかります。数千の訓練事例があれば、16,000年になります！

ブルートフォース法は全く実用的ではありません。実際、ネットワーク層、ノード、または重み値の可能性を追加すると、計算時間が急激に増加します。

この問題は何年間も数学者を悩ませましたが、1960年代から70年代にかけて実用的な方法で解決されました。誰が最初にそれを行ったのか、または誰が重要なブレークスルーを行ったのかについては異なる見解がありますが、それはどうでもよいことです。重要な点は、この遅れた発見が、最新のニューラルネットワークの爆発的な流行を導いたことです。これによりいくつかの非常に素晴らしいタスクを実行できるようになりました。

では、どうやってこの明らかに難しい問題を解くのでしょうか？ 信じようと信じまいと、すでにそれを行うための道具は説明してきました。この本の最初の方で、解くのに必要なことは全部学習済みです。ではやってみましょう。

まずやるべきことは、悲観主義を受け入れることです。

ニューラルネットワークの出力に影響を与える重みをすべて考慮した数式は複雑すぎて容易に解くことができません。重み組み合わせが多すぎるため、1つ1つをテストすることでは、最適な解を見つけることはできません。

悲観的な理由がさらにあります。訓練データの量が、そのネットワークを正しく訓練するのに、不十分な場合もあります。さらに訓練データには誤りがあるかもしれないので、その場合、訓練データが完全に真実であるという仮定が崩れ、そこから学習したものにも欠陥が生じます。またネットワーク自体が、対象の問題に対する適切な解をモデル化するのに十分な層やノードを持っていない可能性もあります。

これが意味するのは、現実的なアプローチを取り、しかもこれらの制限を考慮しておかなければならないということです。こういったアプローチは、理想的な仮説を立てていないために、数学的には完全ではありませんが、現実的に妥当な解を導く手法が見つかるかもしれません。

何を意味するのかを例で説明しましょう。山と谷そして危険な隆起と隙間のある丘がある非常に複雑な風景を想像してみてください。辺りは暗く、何も見

えません。あなたは自分が丘の側にいることを知っており、底に下る必要があります。あなたは風景全体の正確な地図を持っていません。あなたは懐中電灯を持っています。あなたはどうするでしょうか？ おそらく懐中電灯を使って足下を見るでしょう。懐中電灯では遠くを見ることはできません、もちろん風景全体を見ることもできません。丘を下っていきそうな地面の部分が見えるので、その方向に少し歩くことができます。このようにして、完全な地図を持っていなくても、また事前にどの方向で歩くかを計画しなくても、徐々に丘を下っていくことができます。

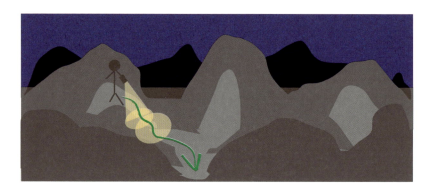

　この手法は数学的には、勾配降下法と呼ばれます。なぜそう呼ばれるかは理由はわかったと思います。一歩進んだ後、周囲の様子を再度見て、どちらの方向に進むと目的に近づくのかを確認し、その方向に再度一歩進みます。これを自分が望ましいと思う底にたどり着くまで繰り返します。勾配は地面の傾きに対応します。最も急な傾きを持つ底に向かっている方向へ、一歩進みます。

　複雑な景観が数学的な関数であると想像してみましょう。この勾配降下法は、複雑な関数がどのような挙動をするのかわからなくとも、その複雑な関数の最小値を求める能力があります。関数が非常に複雑で、代数を使って最小値を簡単に見つけることができない場合、勾配降下法を使うことができます。確かに、勾配降下法は、解に到達するために進んでいる、つまり少しずつ解と思われる位置を改善しているだけなので、正確な解は得られないかもしれません。しかし全く解がないよりもよいはずです。とにかく、精度に納得がいくまで、実際の最小値に向かって、より小さな歩みで解を改善し続けることができます。

この実に有用な勾配降下法とニューラルネットワークとの間に何の関係があるのでしょうか？　この複雑で難しい関数をネットワークの誤差と考えれば、最小値を見つけるために下り坂を進むということは、誤差を最小にすることを意味します。つまり勾配降下法でネットワークの出力を改善していけるのです。これこそ私たちが望んでいたものです。

　この勾配降下法を次のとても簡単な例で、正しく理解しましょう。

　次の図は、単純な関数 $y = (x-1)^2 + 1$ のグラフです。この関数の y を誤差と考えて、y を最小にする x を求めてみましょう。しばらくの間、この関数は簡単な関数ではなく、複雑で難しい関数であると考えましょう。

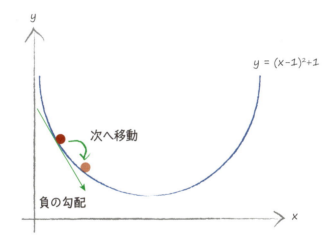

　勾配降下法を行うためには、初期値が必要です。図のグラフの初期値は無作為に選ばれたものです。登山者のように、私たちが立っている場所の周りを見て、どの方向が下向きであるかを確認します。グラフ上では傾きは矢印で示されています。この場合、負の傾きです。下方向に行きたいので x を右に移動します。つまり x を少し増やします。これが登山家の第一歩となります。これによって位置が少し改善され、実際の最小値に近づいたことが確認できます。

　初期値を変えた場合を見てみましょう。

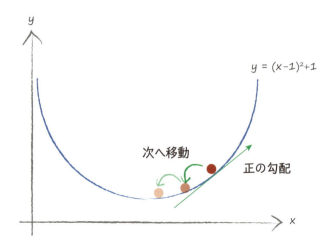

　今回は、足下の傾きが正なので、左に移動します。つまり x を少し減らします。再度、位置が改善され、実際の真の最小値に近づきました。最小値に到着したと思えるくらいに改善の量が小さくなるまで、この処理を続けます。

　上記のやり方には改良すべき点があります。それは最小値を飛び越えて、最小値をまたいだり行ったり来たりする動作が永久に続くことを避ける処理です。このために一歩の歩幅を変化させます。以下のようなケースを想像してください。今、最小値まで 0.5 の位置まで来ました。ここで一歩の歩幅が2メールしか取れないとすれば、最小値の方向に取るすべての一歩が最小値の位置を飛び越えてしまうことが繰り返されます。一歩の歩幅を傾きの大きさに応じて調整する。つまり、最小値に近くなったときに歩幅を小さくすればよいです。これは最小値に近づくにつれ、実際の傾きが小さくなるという仮定から来ています。この仮定は滑らかな連続関数に対しては適切です。ただし、ジャンプやギャップを持った不連続関数や滑らかでないジグザグな関数では成り立たない仮定です。

　次の図は、関数の勾配が小さくなるにつれて、歩幅を調整する考え方を示しています。そしてこれは最小値にどれくらい近いかを示す良い指標ともなっています。

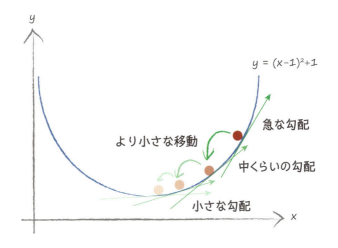

　ところで、勾配の反対方向に **x** を増やしていることに気がつきましたか？正の勾配では **x** を減らし、負の勾配では **x** を大きくしました。グラフ上ではこれは明らかですが、忘れてしまうと簡単に間違った方向に行ってしまいます。注意してください。

　勾配降下法を使うのは、関数があまりにも複雑で難しく代数を使って真の最小値を求められないときです。さらに、勾配の値が数学的に求められない場合であっても、その勾配の値を推定できるので、正しい方向に向かわせることができます。

　勾配降下法は多くのパラメータを持つ関数に対して特に有用です。**y** が **x** だけに依存するのではなく、**a**、**b**、**c**、**d**、**e**、および **f** にも依存しているような関数です。ニューラルネットワークの出力関数、つまり誤差関数は非常に多くの重みのパラメータを持っています。しばしば何百という数にもなります。

次の図は、再度、勾配降下法を示していますが、今度は2つのパラメータを持つもっと複雑な関数です。この関数は3次元空間で表現できます。関数の値は3次元値（高さ）に対応します。

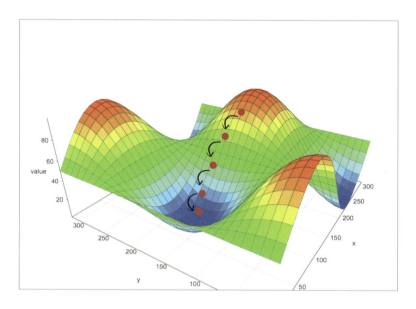

図の3次元の表面を見ると、勾配の方向が他の谷でも右を示しているかどうか疑問に思うかもしれません。実際に、もっと一般的に考えて、複雑な関数には多くの谷があるため、勾配の方向に降りていって、間違った谷に落ち込むことはないのでしょうか？ 間違った谷とは何でしょうか？ それは最も低い谷ではない谷です。先の質問の答えは「YES」です。それは起こりうることです。

間違った谷で繰り返しを終了するのを避けるには、必ずしも間違った谷で終了したわけではないことを確認するために、異なる初期値から何度かニューラルネットを学習します。異なる初期値は異なる位置から探索を開始することを意味します。ニューラルネットワークの場合、これは重みの初期値として異なった値を選ぶことを意味します。

次の図は、勾配降下法の3つの異なる動きを示しており、そのうちの1つは間違った谷に落ち込んでいます。

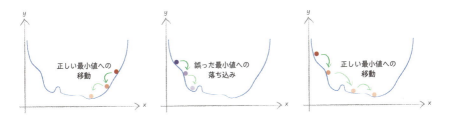

休憩する前に、整理しておきましょう。

- 勾配降下法は、関数の最小値を計算する画期的手法です。関数が非常に複雑で難しいため、代数を使って数学的に解くことができない場合に、非常に効果的です。
- しかも多くのパラメータが存在する場合や、他の手法が失敗したり実際に動かない場合にも、勾配降下法はうまく機能します。
- この方法は、データの不完全性にも強く、関数が完全には記述されておらず時々間違った方向に進んだとしても、大きく間違えることはありません。

ニューラルネットワークは、その出力に影響を及ぼす多くのパラメータ、すなわちリンクの重みを有する複雑で難解な関数とみなせます。そうであるなら、正しい重みを見つけるのに勾配降下法を利用することはできるでしょうか？ 適切な誤差関数を設定すれば、答えはYESです。

ニューラルネットワークを関数とみなすと、その関数自体は誤差関数ではありません。しかし、誤差は訓練データの値と実際の出力値の差であるため、ニューラルネットワークの出力から簡単に誤差を計算できます。

ここで注意すべき点があります。以下は3つの出力ノードに対する訓練データの値と実際の値を示した表です。一緒に誤差関数の候補による値も示しています。

出力値	目標値	誤差 (target - actual)	誤差 |target - actual|	誤差 (target-actual)^2
0.4	0.5	0.1	0.1	0.01
0.8	0.7	-0.1	0.1	0.01
1.0	1.0	0	0	0
誤差の合計		0	0.2	0.02

　第1の候補の誤差関数は単純に **(target - actual)** としています。これは十分に合理的なようですが、正しいでしょうか？ ネットワーク全体の訓練がどれほど良好であるかを全体的に把握するために、各ノードからの誤差の合計を調べると、合計が 0 であることがわかります。

　何が起こったのでしょうか？ 最初の2つのノードの出力は目標値と異なるため、ネットワークは完璧に学習されていないことは明らかです。誤差が 0 ということは、誤差がないことを示唆しています。これは正と負の誤差が相殺されることから発生しています。誤差が完全に相殺されなかったとしても、この誤差関数は悪い尺度であることがわかります。

　差の絶対値を取って修正してみましょう。それは正負の記号を無視することを意味し、**|target - actual|** と書かれます。これは誤差の相殺が起こらないので、うまく働きます。ただしこの誤差関数はあまり使われてはいません。それは勾配が最小値の辺りで連続にならず、誤差関数が有する V字型の谷の周りを飛び跳ねてしまうため、勾配降下法がうまく働かないからです。勾配が最小値に近くなるにつれて小さくはならないので、移動の歩幅が小さくなりません。つまりこれは最小値を飛び越えてしまうリスクがあることを意味しています。

第3の候補の誤差関数は差の2乗 **(target - actual)^2** 取っています。2番目の誤差関数よりもこの3番目の誤差関数の方が好まれる以下のような理由があります。

● 勾配降下法のために誤差関数の勾配が必要ですが、この計算は二乗誤差の場合、代数的にかなり簡単です。

● この誤差関数は滑らかで連続なため、つまり関数に隙間や急なジャンプがないために、勾配降下法がうまく働きます。

● 勾配は最小値に近づくほど小さくなります。つまりこの誤差を利用して移動の歩幅を調整すれば、最小値を飛び越える危険性が小さくなります。

4番目の候補となる誤差関数はあるのでしょうか？ はい、存在します。色々な種類の複雑で興味深い誤差関数を構築できます。ある誤差関数は全くうまく働かないし、ある誤差関数は特定の種類の問題に対してはうまく働きます。またある誤差関数はうまくは働きますが複雑さの価値がありません。

今、最終ラップに入りました。

勾配降下法を実行するには、今度は重みに関する誤差関数の勾配を計算する必要があります。これには微分が必要です。あなたはすでに微分に精通しているかもしれませんが、そうでない場合、または復習が必要な場合は、付録には易しい微分の解説があります。微分は、何かが起こったときに何がどのように変化するかを数学的に正確に計算する方法です。例えば、バネに与える力を変化させると、バネの長さがどのように変化するかなどです。ここでは、誤差関数がニューラルネットワーク内のリンクの重みにどのように依存しているかについて興味を持っています。この問題を別の言葉で言えば以下のようにも言えます。「リンクの重みの変化に対して誤差はどれほど敏感ですか？」

図を描いてみましょう。 図を描くのは、やりたいことが何かをはっきりさせるのに役立ちます。

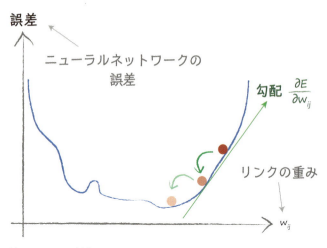

　このグラフは、以前扱ったものと同じものです。何か別のことをしていないことを強調するために同じものを使います。今回、最小化しようとしている関数はニューラルネットワークの誤差です。改善しようとしているパラメータは、ネットワークのリンクの重みです。この単純な例では、1つの重みしか示していませんが、ニューラルネットワークにはさらに多くの重みがあります。

　次の図は2つのリンクの重みを示しています。この誤差関数は2つのリンクの重みが変化すると、変化する3次元座標上に描かれた関数です。これは谷のある山岳風景に似ており、谷の底に行こうとするのは、誤差を最小にしようとしていることです。

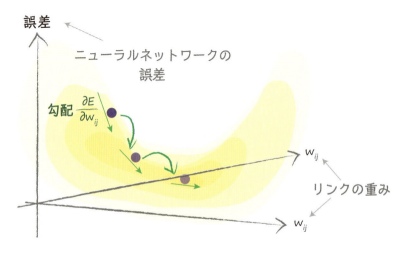

多くのパラメータを持つ関数の場合、誤差の表面を図で描くのは難しいのですが、最小値を見つけるために勾配降下法を使用する考え方は同じです。

得ようとしているものを数学的に書いてみましょう。以下です。

$$\frac{\partial E}{\partial w_{jk}}$$

つまり重み w_{jk} が変化すると誤差 E はどのように変化するかです。それは最小値に向かって降下させたい誤差関数の勾配です。

その式を解く前に、しばらくは隠れ層と出力層の間のリンクの重みだけに焦点を当てましょう。次の図は、この関連のある部分を強調表示したものです。後で入力層と隠れ層の間のリンク重みに戻ります。

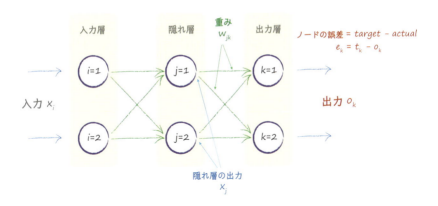

計算を行う際に各シンボルが実際に何を意味するかを忘れないために、この図を参照するようにしましょう。理解するのを後回しにしないでください。それぞれは難しくはないし、十分解説されています。またここで必要なすべての概念はすでにこの本で述べています。

まず、目標値と実際の値との差の二乗の合計である誤差関数を展開し、その総和が n 個の出力ノードすべてに及ぶ場合を考えてみましょう。

$$\frac{\partial E}{\partial w_{jk}} = \frac{\partial}{\partial w_{jk}} \Sigma_n (t_n - o_n)^2$$

ここでは実際に誤差関数 E が何であるかを書き出しました。

これを簡単にするには、ノード n の出力 o_n が接続しているリンクにのみ依存していることだけに注目してください。つまり、ノード k の場合、ノード k の出力 o_k は重み w_{jk} だけに依存します。これはノード k と接続しているリンクに対する重みが w_{jk} だからです。

別の見方として、ノード k の出力は重み w_{jb} に依存していません。ここで b は k とは異なります。これは w_{jb} に対するリンクがノード k に接続していないからです。重み w_{jb} は、出力ノード b に接続するリンクに対するもので、出力ノード k に接続するリンクに対するものではありません。

これは、先の合計値から、重み w_{jk} に対するリンクが接続している先つまりo_k を除いたすべての o_n を取り除けることを意味します。これは厄介な合計を完全に削除します！ これは覚えていて損のない有用なトリックです。

落ち着いて考えていけば、誤差関数として、最初の段階ではすべての出力ノードの誤差の合計を取る必要がなかったことに気づくでしょう。あるノードの出力はそのノードに接続されたリンクに対する重みのみに依存するからです。多くの教科書では、この点を説明せずに単に誤差関数を定義しているので、しばしば誤解を与える説明になっています。

ともかく、今、簡単な式が得られました。

$$\frac{\partial E}{\partial w_{jk}} = \frac{\partial}{\partial w_{jk}} (t_k - o_k)^2$$

ただし、ここでは少しだけ微分を扱いました。もし微分に慣れていないなら、付録を参照してください。

t_k は定数なので、w_{jk} が変わっても変化しません。つまり t_k は w_{jk} の関数ではありません。もし t_k が w_{jk} の関数なら、目標値を提供する真の訓練データが重みによって変わってしまうことになり、奇妙なことになってしまいます。観測値である o_k は w_{jk} に依存します。なぜならそれらの重みが順方向の計算で利用されて、出力値 o_k が生じるからです。

連鎖律を利用して、この微分を扱いやすいパーツに分解します。連鎖律については、付録A（251ページ）を参照してください。

$$\frac{\partial E}{\partial w_{jk}} = \frac{\partial E}{\partial o_k} \cdot \frac{\partial o_k}{\partial w_{jk}}$$

今度は、さらに簡単にそれぞれの項を分析してみることができます。最初の項は単純な2次関数の微分なので簡単です。以下の式が得られます。

$$\frac{\partial E}{\partial w_{jk}} = -2(t_k - o_k) \cdot \frac{\partial o_k}{\partial w_{jk}}$$

2番目の項は少し難しいですが、それほどではありません。o_k はノード k の出力値であり、ノード k に入ってくる信号に重み付けて足し込んだものにシグモイド関数を適用したものです。この部分を明確に書いておきましょう。

$$\frac{\partial E}{\partial w_{jk}} = -2(t_k - o_k) \cdot \frac{\partial}{\partial w_{jk}} \text{sigmoid}\left(\Sigma_j w_{jk} \cdot o_j\right)$$

o_j は、直前の隠れ層のノードからの出力であり、最終層からの出力 o_k ではありません。

シグモイド関数の微分はどうするのでしょうか？ 付録Aでは基本的なアイデアを使用して、難しい方法でそれを行っていますが、すでに他の人がその結果を導いています。なので、ここでは世界中の数学者が毎日行っているように、既知の答えを使うことにします。

$$\frac{\partial}{\partial x} \text{sigmoid}(x) = \text{sigmoid}(x)\left(1 - \text{sigmoid}(x)\right)$$

■ Part 1 - どうやって動くのか

　いくつかの関数は、それらを微分すると恐ろしい式になります。しかしシグモイド関数を微分すると、シンプルで使いやすい素敵な式になります。シグモイド関数がニューラルネットワークの活性化関数としてよく使われている理由の1つです。

　前ページの素敵な式を使えば、次の結果が得られます。

$$\frac{\partial E}{\partial w_{jk}} = -2(t_k - o_k) \cdot \text{sigmoid}\left(\sum_j w_{jk} \cdot o_j\right)\left(1 - \text{sigmoid}\left(\sum_j w_{jk} \cdot o_j\right)\right) \cdot \frac{\partial}{\partial w_{jk}}\left(\sum_j w_{jk} \cdot o_j\right)$$

$$= -2(t_k - o_k) \cdot \text{sigmoid}\left(\sum_j w_{jk} \cdot o_j\right)\left(1 - \text{sigmoid}\left(\sum_j w_{jk} \cdot o_j\right)\right) \cdot o_j$$

　最後の項は何でしょうか？ sigmoid() 関数の中にある式も w_{jk} に関して微分する必要があるため、連鎖律が再度適用されているのです。その結果は o_j という簡単な形になります。

　最終的な答えを書き留める前に、式の最初に出てくる 2 を取り除きましょう。私たちが行いたいのは誤差関数の値を下降させることで、それは誤差関数の傾きの方向だけが関係します。なので誤差関数の係数は 2 や 3 あるいは 100 でも何でもよいです。なので単純にするために、2 を取り除きましょう。

　私たちが目的とした式、つまり重み w_{jk} を調整するための誤差関数の傾きの式の最終的な形を以下に示します。

$$\frac{\partial E}{\partial w_{jk}} = -(t_k - o_k) \cdot \text{sigmoid}\left(\sum_j w_{jk} \cdot o_j\right)\left(1 - \text{sigmoid}\left(\sum_j w_{jk} \cdot o_j\right)\right) \cdot o_j$$

　やった！

　これが探していた魔法の式です。ニューラルネットワークの学習のキーとなる式です。

この式をもう一度見ておきましょう。各項は色分けされているのでわかりやすいです。最初の項は、なじみ深い形の（目標値 - 計算値）、つまり誤差です。シグモイド関数の中にある総和の式は最終層のノードに入力される信号です。i_k と書き換えて簡単化にすることもできます。これは活性化関数が適用される前の信号になっています。最後の項は直前の隠れ層のノード j からの出力です。これらの式は、誤差関数の勾配に物理的に何が関与しているのか、そして最終的には重みの改善に何が関与しているのかを理解するのに、役立ちます。

　これは素晴らしい結果であり、私たちは本当に自分自身に満足していなければなりません。多くの人が、この点までたどり着くのは本当に難しいと感じています。

　最後に残されたやるべきことが1つあります。前述した式は隠れ層と出力層の間の重みを改善するためのものです。次は、入力層と隠れ層の間の重みに対する同様の誤差関数の勾配の式を見つける必要があります。

　もう一度多くの数式の変形を行うこともできますが、それは必要ありません。単にその物理的な解釈を利用して、対象としている重みの式を再構築するだけです。ですので、今回は以下の手順で進めます。

● 先ほど見たように（目標値 - 実際の値）である誤差は、隠れ層のノードからの誤差逆伝播されて再構成された誤差になります。これを e_j としましょう。

● シグモイド関数の部分は同じままでも構いませんが、その内部の総和の式は前の層を参照するため、その総和は隠れ層のノード j に接続しているリンクからの来る信号の総和です。この総和の信号を i_j とします。

● 最後の項は入力層のノードの出力 o_i です。これはこの場合、入力信号になります。

　多くの作業を避けるこの素晴らしい方法は、問題の対称性を利用して新しい式を構築しています。これはシンプルな方法ですが、有能な数学者や科学者によって広く使われている強力な方法です。

■ Part 1 - どうやって動くのか

　導こうとしてきた最終的な式の2番目の項は、入力層と隠れ層の間の重みの誤差関数の傾きです。

$$\frac{\partial E}{\partial w_{ij}} = -(e_j) \cdot sigmoid\left(\Sigma_i w_{ij} \cdot o_i\right)\left(1 - sigmoid\left(\Sigma_i w_{ij} \cdot o_i\right)\right) \cdot o_i$$

　これで勾配に対するこれらの重要な魔法の式をすべて得ることができました。これらを使えば訓練データを与えた後に重みを更新することができます。次にこれをやってみましょう。

　以前の図で見たように、重みは傾きの反対方向に変更されています。また特定の問題を調整できる学習の要因を利用して変更の量を調整します。悪い訓練データによって間違って大きく引っ張られるのを避ける方法として線形分類器を開発したときだけでなく、重みが誤差関数の最小値の周りで常に飛び越してしまうのを避けるときにも、この学習率の考え方に触れました。これを数学的な形で記述しましょう。

$$\text{新しい } w_{jk} = \text{古い } w_{jk} - \alpha \cdot \frac{\partial E}{\partial w_{jk}}$$

　更新された重み w_{jk} は、古い重みを直前に計算した誤差関数の勾配の負数によって調整したものです。負数を使うのは、以前に見たように、正の勾配を持つときは重みを減少させたく、また負の勾配を持つときは重みを増加させたいからです。記号 α は更新の大きさを緩和して、最小値を飛び越さないようにするための係数です。これが学習率です。

　この式は隠れ層と出力層の間の重みだけでなく、入力層と隠れ層の間の重みにも適用されます。違いは上記の2つの式が持つ誤差の勾配の部分です。

これを書き残しておく前に、行列の掛け算を利用してこれらの計算を実行する場合、これらの計算がどのように見えるかを調べておく必要があります。これを行うには以前にも行ったように、重み変化の行列の各々の要素が何であるかを書いておくと役立ちます。

$$
\begin{pmatrix} \Delta w_{1,1} & \Delta w_{2,1} & \Delta w_{3,1} & \dots \\ \Delta w_{1,2} & \Delta w_{2,2} & \Delta w_{3,2} & \dots \\ \Delta w_{1,3} & \Delta w_{2,3} & \Delta w_{j,k} & \dots \\ \dots & \dots & \dots & \dots \end{pmatrix} = \begin{pmatrix} E_1 * S_1 (1-S_1) \\ E_2 * S_2 (1-S_2) \\ E_k * S_k (1-S_k) \\ \dots \end{pmatrix} \cdot \begin{pmatrix} O_1 & O_2 & O_j & \dots \end{pmatrix}
$$

次の層からの値 　　　直前の層からの値

学習率 α は定数として考慮しないことにします。実際に学習率 α が何であっても、行列の掛け算をどのように構成するかは変わりません。

重み変化の行列の (**k , j**) 要素は、ある層のノード **j** と次の層のノード **k** を結ぶリンクの重み $w_{j,k}$ を調整する値です。式の最初の部分が次の層（ノード**k**）からの値を使用し、式の最後の部分が前の層（ノード**j**）からの値を使用していることがわかります。

上記の式をしばらく見て、最後の部分、つまり1行だけ行列が前の層の O_j からの出力の転置であることを確認する必要があります。色付けされた部分は、内積の計算が正しくできる形になっていること示しています。もし確信が持てないなら、他の方法でこれらの内積を書いてみてください。

したがって、これらの重み更新の行列形式は以下のとおりです。これで行列を効率的に扱うことができるコンピュータプログラミング言語を用いて、これを実装する準備が整いました。

$$
\Delta W_{jk} = \alpha \cdot E_k \cdot O_k (1 - O_k) \cdot O_j^\top
$$

実際に全く複雑な式ではありません。ノード出力 O_k という形を使ったので、シグモイド関数は現れていません。

これでおしまい！ 作業は完了しました。

- ニューラルネットワークの誤差は内部のリンクの重みをパラメータとした関数です。
- ニューラルネットワークを改善するということは、これらの重みを変更することによって、この誤差を減少させることです。
- 正しい重みを直接求めることは困難です。別のやり方として、誤差関数を降下させることによって重み付けを反復的に少しずつ改善するやり方があります。各ステップは現在の位置から最大の下り坂の方向に進みます。これを勾配降下法と言います。
- この誤差の勾配の計算はそれほど難しくはありません。

1.15 重み更新の実行例

先ほど述べた重み更新の方法がうまく動くのを、いくつかの例で試してみましょう。

次のネットワークは以前扱ったものですが、今回は、隠れ層の第1ノードからの出力値として $o_{j=1}$ と第2ノードからの出力値として $o_{j=2}$ を加えています。$o_{j=1}$ や $o_{j=2}$ の値は手法を説明するために適当にここで設定した値であり、実際に入力層から順方向に信号を送ることによって生成されたものではありません。

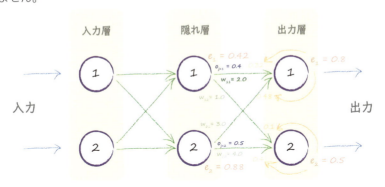

今、隠れ層と出力層の間の重み w_{11} を更新したいとします。これは現在 2.0 となっています。

再度、誤差の傾きの式を下に書いておきます。

$$\frac{\partial E}{\partial w_{jk}} = -(t_k - o_k) \cdot sigmoid(\Sigma_j w_{jk} \cdot o_j)(1 - sigmoid(\Sigma_j w_{jk} \cdot o_j)) \cdot o_j$$

式の項ごとに計算していきましょう。

- 以前見てきたように、最初の項（$t_k - o_k$）の値は $e_1 = 0.8$ となります。

- シグモイド関数内の和 $\sum_j w_{jk} o_j$ は（2.0 * 0.4）+（3.0 * 0.5）= 2.3 となります。

- この値にシグモイド関数を適用して、$1/(1 + e^{-2.3}) = 0.909$ を得ます。またまん中の項は 0.909 * (1 - 0.909) = 0.083 です。

- 最後項は o_j ですが、これは $o_{j=1}$ です。なぜなら、ここで対象としているのは w_{11} であって、この場合 j = 1 だからです。結局 0.4 ということです。

これらの3つの項をすべて掛けて、最初のマイナスを忘れずに付けて -0.0265 を得ます。

学習率が 0.1 の場合、変化量は － 0.1 * (- 0.02650) = 0.002650 となります。したがって、新しい w_{11} は元の 2.0 に 0.00265 を加えて 2.00265 となります。

この変化量は非常に小さいですが、何百、何千回もの繰り返しによって重みは最終的にある値に落ち着き、その結果、訓練データを反映した出力を行うようなニューラルネットワークが学習されます。

1.16 データの準備

　この章では、訓練データを準備する方法、重みの初期値をランダムに与える方法、そして学習がうまくいくような出力を設計して出力を設計する方法について検討します。

　ここまでに述べたことは正しいことです。しかし多くの理由から、ニューラルネットワークを使用する試みのすべてが、うまくいくわけではありません。うまくいかない理由のいくつかは、訓練データ、重みの初期値、および出力の調整が原因となっています。順番にそれぞれを見てみましょう。

入力

　以下の図は活性化関数であるシグモイド関数です。入力が大きい部分では、活性化関数は平坦になることがわかります。

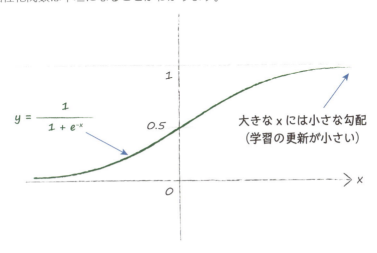

平坦な活性化関数は問題です。なぜなら重みを更新するのに傾きを利用するからです。重みを更新する式を確認してみてください。それは活性化関数の傾きに依存しています。小さな傾きは学習する能力を制限することを意味します。これはニューラルネットワークの飽和と呼ばれます。つまり入力を小さく抑えるべきなのです。

興味深いことに、その式は入力信号 (o_j) にも依存するため、小さすぎてもいけません。コンピュータは非常に小さい値または非常に大きな数値を扱うときに精度を失うので、非常に小さな値も問題になります。

入力値を 0.0 から 1.0 の範囲に調整することをお勧めします。入力値が 0 になるのを避けるために、0.01 のような小さな値を入力値のオフセットにすることもあります。入力値が 0 になるのは問題です。なぜならその場合、重みの更新式で o_j = 0 となり重みの変化が 0 になるので、学習能力が失われるからです。

出力

ニューラルネットワークの出力は、最後の層のノードから出る信号です。1.0 を超える値を出力しない活性化関数を使用している場合、目標値として大きな値を設定してはいけません。ロジスティック関数は 1.0 にどんどん近づきますが、1.0 には達しないことに注意してください。数学ではこれを「漸近的に 1.0 に近づく」と言います。

次の図から、活性化関数としてロジスティック関数を使うと、1.0 より大きい値や 0 より小さい値が出力されないことがわかります。

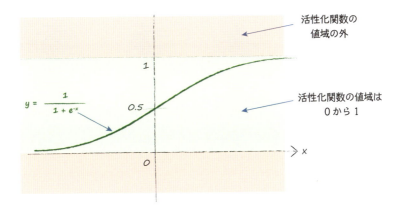

　これらのアクセス不可能な範囲内に目標値を設定すると、ネットワークの学習ではその活性化関数では絶対に出力できない非常に大きな値を出力しようとして、重みを大きくしようとします。これはネットワークの飽和なので、悪いことです。

　したがって、実際には到達しない値を避けるように注意しながら、活性化関数からの出力と合うように目標値を調整する必要があります。

　0.0 から 1.0 の範囲を使用するのが一般的ですが、0.01 から 0.99 の範囲を使用する場合もあります。これは 0.0 と 1.0 の両方とも達成できない値であり、大きな重みを出してしまう危険性があるからです。

ランダムな重みの初期値

　重みの初期値にも入力と出力の場合と同じ議論が適用されます。つまり重みの初期値として大きな値を取るのは避けるべきです。重みが大きいと、活性化関数に大きな信号が送られ、より良い重みを学習する能力が低下し、先ほど説明したネットワークの飽和を導いてしまいます。

　-1.0 から +1.0 の範囲から重みの初期値をランダムかつ一様に選択するのがよいです。-1000 から +1000 といった非常に広い範囲を使用するよりも、はるかに良いやり方です。

　もっとうまくできますか？ 多分できます。

■ Part 1 - どうやって動くのか

　数学者とコンピュータ科学者は、ネットワークの特定の形状と特定の活性化関数を考慮して重みの初期値をランダムに設定するための経験則を活かすために数学を使ってきました。その多くの「詳細なこと」です！ とにかく続けましょう。

　ここでは詳細は述べませんが、核となるアイデアは示しておきます。ノードに入ってくる多くの信号があり、それらの信号がすでに適切に動作しており、あまりにも大きく狂気じみた値でなければ、それらの信号が結合され、活性化関数に適用された後も、適切に動作するように重みは調整されるべきです。言い換えれば、入力信号を慎重に調整するために重みを弱めることは望ましくありません。数学者が到達した経験則は、重みの初期値はある範囲からランダムに選ばれるべきであるということです。その範囲とはおおざっぱに言えば、ノードに入るリンクの数の平方根の逆数です。もし各ノードが3つのリンクを持っていたら、重みの初期値は $-1/(\sqrt{3})$ から $+1/(\sqrt{3})$ つまり-0.577から +0.577 の範囲から選ばれるべきです。もし各ノードが100個のリンクを持っていたら、重みの範囲は $-1/(\sqrt{100})$ から $+1/(\sqrt{100})$、つまり -0.1 から +0.1 となります。

　直観的に、これは理にかなっています。重みの初期値が大きすぎると活性化関数をある方向に偏らせ、非常に大きな重みは活性化関数を飽和します。ノードに入るリンクが多いほど、多くの信号がそのノードに加えられます。この点から、リンクの数が多ければ、重みの範囲を狭めるという経験則が理にかなっています。

　もし確率分布からサンプリングするという考え方にすでに精通している場合、先の経験則は、実際には、平均値が 0 、ノードへのリンク数の平方根の逆数を標準偏差とした正規分布からサンプリングすることを意味します。しかし、この経験則を厳密に考える必要はありません。この経験則は活性化関数として tanh( ) や入力信号の特定の分布を仮定しており、これらは必ずしも真でないからです。

　次の図は、単純なアプローチと正規分布による洗練されたアプローチの両方を視覚的にまとめたものです。

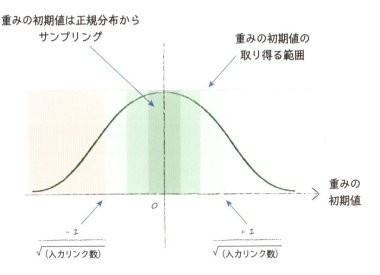

　あなたが何をするにしても、重みの初期値として、同じ定数値や 0 を使ってはいけません。それはひどいです！

　ネットワークの各ノードが同じ信号値を受信し、各出力ノードからの出力が同じであるため、ひどいことになります。その後、誤差逆伝播によりネットワークの重みを更新するときに、誤差を等しく分割してしまいます。誤差は重みに比例して分割されることを思い出してください。これにより、等しく重み付けされた更新が行われ、新たな等しい重みの集合が得られます。この対称性はよくないです。なぜなら欲しているネットワークの重みが異なる（ほぼすべての問題に対するネットワークではそうです）場合、決してそのネットワークを得ることはできないからです。

　0 の重みは入力信号を消してしまうためにさらに良くないです。重みを更新する関数は入力信号に依存しているので 0 になってしまいます。これは重みを更新する能力を完全に殺しています。

　入力データを準備する方法、重みを設定する方法、および出力を調整する方法をさらに改善するためにできることは他にもたくさんあります。前述したアイデアは理解するのに十分簡単で、しかも十分効果的です。なので、この本ではこれ以上の説明はやめておきます。

- ニューラルネットワークでは、入力、出力、および重みの初期値がネットワークの設計と実際に解決されるべき問題とに合致するように設定されないとうまく働きません。
- 共通の問題は「飽和」です。大きな重みによって生じる大きな信号は、活性化関数の非常に小さな傾きを生じさせます。この結果、より良い重みを学習する能力が低下します。
- 別の問題として、信号値あるいは重みが0となる問題があります。これらもまた、より良い重みを学習する能力を殺してしまいます。
- リンクの重みの初期値は0でないようにランダムでしかも小さい値でないといけません。より洗練された規則を使うこともあります。例えば、ノードに多くのリンクがある場合、これらリンクの重みを小さくするなどです。
- 入力は、小さい値に調整する必要がありますが、0にはしないでください。一般的な範囲は0.01から0.99あるいは-1.0から+1.0です。これは問題に依存します。
- 出力は、活性化関数が生成できる範囲内でなければなりません。0以下、あるいは1以上の値はロジスティック関数では出力できません。有効な範囲外に目標値を設定すると、より大きな重みが駆動され、飽和につながります。良好な範囲は0.01から0.99です。

Part 2

Pythonで
やってみよう

"何かを本当に理解するためには、
それを自分で作る必要があります"

"最初は小さいものを作り、
それを大きくしていきなさい"

2.1 Python

　この章では、自身のニューラルネットワークを作成します。

　本書の Part 1 でも述べましたが、大規模な計算にはコンピュータが必要です。コンピュータは飽きたり正確さを失うことなく、高速に大量の計算を行うことができます。

　コンピュータに何か指示を与えるには、コンピュータが理解できる言語を使用しないといけません。コンピュータは、英語、フランス語、スペイン語などの人間の言語を正確に、曖昧なく理解することは困難です。実際に、人間同士であっても正確に曖昧無く話をするのは難しいので、コンピュータがそれをうまくできることはほとんど期待できません。

　ここでは Python と呼ばれるプログラミング言語を使用します。Python は簡単に習得できるので、最初に学ぶプログラミング言語としては優れています。他の人が書いた Python のプログラムを読み、理解するのも簡単です。また、非常に普及しており、科学研究、教育、世界規模のインフラストラクチャ、データ分析、人工知能など、さまざまな分野で使用されています。Python を教える学校はどんどん増えています。また非常に人気のある Raspberry Pi で Python が動きます。そのため子供や学生など多くの人たちが Python を使うことができます。

　付録のPartでは、本書で取り上げたすべての処理を行うための Raspberry Pi Zero の設定を紹介し、Python で独自のニューラルネットワークを動作させています。Raspberry Pi Zero は、特に安価な小型コンピュータで、現在約4ポンド（約5ドル、600〜700円）で入手できます。書き間違いではありません。本当に 5ドル程度です。

　Python やその他のコンピュータ言語についても学ぶことはたくさんありますが、ここでは自身のニューラルネットワークの作成に焦点を当て、そこに必要とされる Python の知識だけを解説します。

2.2 インタラクティブな Python = IPython

　利用するコンピュータに Python をインストールする際のエラーに格闘したり、数学やプロット図の作成のための拡張機能をインストールしたりするのは面倒です。しかしそういう苦労をしなくても IPython を使えば、ここでの作業を行えます。

　IPython には Python 自体とここで必要とされるデータをプロットする拡張機能を含んでいます。IPython はまた、インタラクティブなNotebookを提示できるという利点があります。このインタラクティブなNotebookは、ペンとメモ帳のように動作するので、アイデアを試して、結果を見て、次にアイデアの一部を変更するといった作業を簡単に行うことができます。プログラミングでは実際にやっていることとは別にプログラムファイル、インタプリタ、ライブラリなどプログラミングとは無関係の部分で煩わされることがあります。特にそういったものがうまく機能しないときはなおさらです。しかしIPython を使えば、そういったことはありません。

　ipython.org には、IPython を入手する際のオプションがいくつか用意されています。ここでは www.continuum.io/downloads から Anaconda パッケージを導入します。

　（書籍発刊時点では）上記サイトの外観がすでに変わっているかもしれませんが、その点は気にしないでください。まずコンピュータのセクションへ進み、Windows コンピュータ、OS X を搭載した Apple Mac、または Linux コンピュータから自分が使うコンピュータのセクションを選び Python 3.5 を入手します。Python 2.7 でないことに注意してください。

　Python 3 は利用者が増えており、未来があります。Python 2.7 は十分に確立されていますが、Python 3 に移行する必要があります。特に新しいプロジェクトのためには Python 3 の方が適しています。また 32 bit あるいは 64 bit の選択ですが、現在、ほとんどのコンピュータは 64 bit マシンです。だいたい 10 年以上前の古いコンピュータの場合だけ 32 bit を選べばよいです[訳注]。

　サイトの指示にしたがって、コンピュータにインストールします。IPython のインストールは、簡単にできるように設計されています。問題が生じることはないでしょう。

> 訳注）実際にはインストールされている OS（オペレーティング システム）によります。Windows の場合［コントロール パネル］-［システムとセキュリティ］-［システム］のシステムの種類：で 32 ビット / 64 ビットの表記を確認できます。

2.3 とてもやさしいPython入門

ここではインストールの指示にしたがって IPython がインストールされており、IPython が使える状態であると仮定しています。

2.3.1 Notebooks（ノートブック）

Jupyter Notebookを起動し左上の[New]−[Python 3] をクリックします。

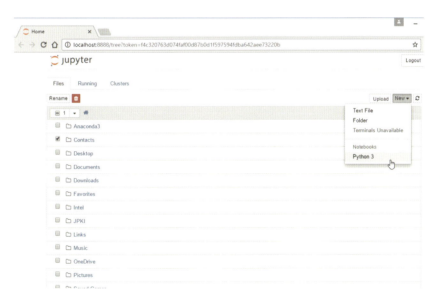

脚注） Windowsの場合、スタート メニューより [Anaconda3 (64-bit)] - [Jupyter Notebook] を選択すると、ブラウザの中で Jupyter が起動します。右上の方にある New というボタンからメニューを出して、Python 3 を選べば、白紙のNotebookが表示されます。

すると次のような白紙のNotebookが表示されます。

　Notebookはインタラクティブです。コマンドが入力されるのを待ち、コマンドが入力されれば、それを実行し、その結果を表示し、そして再び次のコマンドを待ちます。これは決して疲れない算数の才能を持つロボットバトラーのようなものです。

　少し複雑なことをやりたい場合、それをセクションに分割することは理にかなっています。これにより、思考の整理がしやすくなり、大きなプロジェクトのどの部分が間違っているのかがわかります。IPython の場合、これらのセクションはセルと呼ばれます。上記の IPython Notebookには、最初、空のセルがあり、そこにプロンプトが点滅しています。つまりコマンドが入力されるのを待っています。

　コマンドを入力してみましょう。2つの数の掛け算 2×3 をやってみます。セルに "2 * 3" と入力し、オーディオ再生ボタンのような run cell ボタンをクリックします。コンピュータはすぐに要求されていることを実行し、次のようにその結果を表示します。

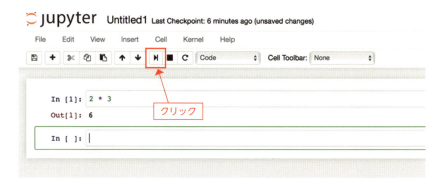

答え "6" が正しく表示されています。Python を使ってコンピュータに最初の命令を出したところ、正しい結果が得られました。これが私たちの最初のコンピュータプログラムです。

IPython が入力されたコマンドに "In [1]" やその結果に "Out [1]" といったラベルが付いているのを気にしないでください。これは入力されたコマンド（入力）とその結果（出力）を対応させるものです。数字は入力されたコマンドの順番であり、その数値で過去に入力したコマンドが呼び出せます。Notebookを飛び回って過去のコマンドを呼び出し、修正して再入力したりするのに便利です。

2.3.2 簡単な Python

Python は非常に簡単なプログラミング言語です。"In []" とラベル付けされたセルで、以下のコードを入力し、run cell ボタンをクリックします。コードという言葉は、コンピュータの言語で書かれた命令を意味しており、プログラミング言語で広く使用されています。run cellボタンをクリックするためにポインタを移動させるのが面倒な場合は、その代わりにショートカットキー[Ctrl]＋[Enter] も使用できます。

```
print("Hello World!")
```

次のように、単に "Hello World！"という文を表示しただけの結果が得られます。

■ Part 2 - Pythonでやってみよう

"Hello World !" を表示するための2番目の命令を実行しても、その命令とその出力によって、以前のセルが削除されることはありません。これは複数の部分の解を構築する場合に便利です。

次のコードでは重要なアイデアを紹介します。何が起こるか確認してみましょう。新しいセルに入力して実行します。新しい空のセルがない場合は、"Insert Cell Below" と書かれたプラス記号のようなボタンをクリックします。

```
x = 10
print(x)
print(x+5)

y = x+7
print(y)

print(z)
```

最初の行の "x = 10" は、x が 10 であるという数学の式のように見えます。しかし Python では、これは x に 10 を代入することを意味します。つまり x という仮想的な箱に数値 10 が入ります。これを簡単に示した図が次の図です。

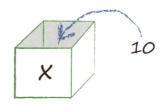

数値 10 は何か通知があるまでそこに留まります。次の行の "print(x)" ですが、これまでも print コマンドは使っていたので、驚くことはないでしょう。これは x の値、つまり 10 を表示します。なぜ文字 "x" が表示されないのでしょうか？それは Python はできるかぎり式を評価するからです。x は値 10 と評価されるので "10 " が表示されます。次の行 "print(x + 5)" では、まず x + 5 が評価されます。x + 5 は 10 + 5 と評価され、それは 15 と評価されま

す。結局 "15" が表示されるでしょう。

「Python はできるかぎり式を評価する」という考え方に従えば、次の "y = x+7" で何が起きるかを理解するのは難しいことではありません。y という名前の新しい箱に値を入れるように命令していますが、その値はいくつでしょうか？式 x + 7、つまり 10 + 7、結局 17 です。そして y は値 17 を保持し、次の行でそれを出力します。

次の行の "print(z)" では何が起こるでしょうか？これまでの x や y と違い、z に値は設定されていません。この場合、修正を助けるようなエラーメッセージが表示されます。多くのプログラミング言語では、修正の助けになるようなエラーメッセージを出力しますが、必ずしもそのメッセージが的確とはかぎりません。

以下は、左ページのコードの結果を示しています。修正を助ける丁寧なエラーメッセージ "name 'z' is not defined" が表示されています。

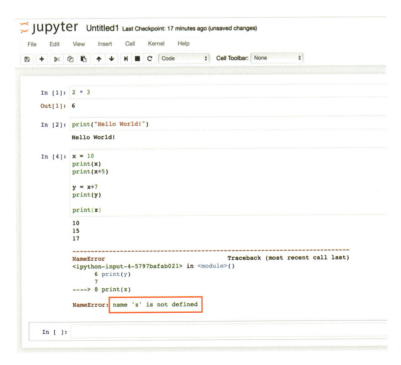

10 や 17 といった値を保持する x や y などの名前の付いた箱は変数と呼ばれます。数学者が一般的な式を作るのに "x" や "y" といった変数を使うのと同じように、プログラミング言語における変数は一連のコマンドを一般化するのに使われます。

2.3.3 仕事の自動化

コンピュータは同じような計算を繰り返し行うのが得意です。コンピュータはそうすることを気にもしませんし、その計算は電卓を持った人間に比べてとても高速です。

0 から 9 までの10個の各整数の自乗を計算してみましょう。0 の自乗、1 の自乗、2 の自乗…という具合です。0, 1, 4, 9, 16, 25 … といった出力を期待しています。

ベタにその計算を行う場合、"print(0)"、"print(1)"、"print(4)" …といった命令を書くことになります。これでも答えは得ていますが、コンピュータにその計算を行わせているとはいえません。それに、このやり方は 0 からある特定の数までの自乗を計算するという一般的な命令になっていません。これを行うには、新しいアイデアをいくつか導入する必要があります。

セルに次のコードを入力して実行してください。

```
list( range(10) )
```

問題の計算には 0 から 9 までの10個の数字のリストを取得する必要があります。上記のコマンドはコンピュータにそのようなリストを作らせる1つの方法です。手作業でそのリストを作ってはいけません。私たちがコンピュータの主人であり、コンピュータは私たちのしもべです。

```
In [8]:  list( range(10) )
Out[8]:  [0, 1, 2, 3, 4, 5, 6, 7, 8, 9]
```

リストが 0 から 9 までで、1 から 10 までではないことに驚いたかもしれません。これはコンピュータの世界では多くの場合 1 ではなく 0 から始まるからです。リストが 0 ではなく 1 から始まると仮定すると、間違いが生じやすいです。順序付きリストは、計算を行う回数を保持したり、繰り返しの関数を適用したりするのに便利です。

　"Hello World！" という文を表示させるときに使用した "print" ですが、このコマンドは 2 * 3 の結果を表示させるときには使用しませんでした。"print" は入力したコマンドの結果を表示させるときに使うもので、対話的に Python を使っている場合はオプションとなります。

　コンピュータにコマンドを繰り返し実行させる一般的な方法は、ループと呼ばれる構造を利用することです。ループという言葉を聞くと、何かが何かの周りを終わりがなく回っている情景を思い浮かべると思います。ループを理解するには、その言葉の定義を知るのではなく、単純な例を見るのが良い方法です。新しいセルに次のコードを入力して実行してみましょう。

```
for n in range(10):
        print(n)
        pass
print("done")
```

　このコードには新たに学ぶべき3つの項目があります。最初の行に、前に出た "range(10)" があります。これは以前解説したように 0 から 9 までの数値のリストを作成します。

　"for n in" はループを作成するものです。この場合はリスト内のすべての数値に対してある処理を行います。変数 n には、リスト内の各数値が代入されます、この場合はループの回数が入ることになります。つまり、ループの最初の実行で変数 n に 0 を割り当てます。同じようにループの次の実行で変数 n に 1 を割り当て、ループのその次の実行で変数 n に 2 を割り当て、…そして、ループの最後の実行で変数 n にはリストの最後の項目である数値 9 を割り当てます。

次の行の "print(n)" は単に n の値を表示するだけで、驚くものではありません。リスト内のすべての数値が表示されることが期待されます。また "print(n)" の前の字下げ（インデント）に注意してください。インデントはどの命令が他の命令に従属しているかを示すために使用されるもので、とても有益であり Python ではとても重要です。前ページのコードでは "for n in ..." よってループが作成され、ループ内の命令にあたる "print(n)" がインデントされています。次の "pass" の命令はループの終わりを意味します。次の行 print("done") はインデントがありません。これはループの一部でないからです。これは単に "done" を 1 回だけ表示することを意味します。10回表示するわけではありません。以下に出力の結果を示します。これは予想したとおりのものです。

```
Out[8]: [0, 1, 2, 3, 4, 5, 6, 7, 8, 9]

In [12]: for n in range(10):
             print(n)
             pass
         print("done")
0
1
2
3
4
5
6
7
8
9
done
```

これで n * n を表示することで自乗を表示できるようになったことは明らかです。実際に「3の自乗は9」のようなフレーズを表示することで、出力をさらにわかりやすくすることもできます。次のコードは、ループ内で繰り返される表示の命令に対して、この変更を行っています。変数は引用符に囲まれていないので、評価されることに注意してください。

```
for n in range(10):
    print("The square of", n, "is", n*n)
    pass
print("done")
```

結果は以下のとおりです。

```
In [13]: for n in range(10):
             print("The square of", n, "is", n*n)
             pass
         print("done")
         The square of 0 is 0
         The square of 1 is 1
         The square of 2 is 4
         The square of 3 is 9
         The square of 4 is 16
         The square of 5 is 25
         The square of 6 is 36
         The square of 7 is 49
         The square of 8 is 64
         The square of 9 is 81
         done
```

これはすでにかなり強力です！ 短い一連のコマンドを使って、コンピュータに多くの仕事を高速に実行させることができます。range に与える数によってループの回数を簡単に指定できます。range(50) やさらに range(1000)、もっと多くでもよいです。ぜひ試してください。

2.3.4 コメント

もっと野性的で素晴らしい Python コマンドを学ぶ前に、以下の簡単なコードを見てください。

```
# 以下は2の3乗を出力する
print(2**3)
```

最初の行はハッシュ記号 # で始まっています。Python はハッシュ記号で始まる行を無視します。これは無用なものではなく、この機能を利用して、コードにコメントを入れることができます。このようなコメントは他者に対して、そのコードの意味をわかりやすくします。さらに、時間が経ってそのコードを見直す際には、コードを書いた自分自身に対しても有益です。

一般にコードにはコメントを入れましょう。特に複雑でわかりにくいコードにはコメントを入れた方がよいです。きっと後でそのコードを入れておいて良かったと思うでしょう。私は自分のコードをデコードすると、いつも「私は何

を考えていたのだろうか？」となってしまいます。

2.3.5　関数

　この本のPart 1では、数学関係の関数に対して多くの紙面を割きました。ここでは関数を、入力を受け取り、何らかの処理をし、その結果を出力する機械と捉えました。そして関数は独立しており、繰り返し使用することができました。

　Pythonを含む多くのプログラミング言語は、再利用可能なプログラムを作成しやすいものになっています。再利用可能な一連の命令は、それを十分うまく定義すれば、数学関係の関数のように扱え、それらを使ってより洗練された短いプログラムを書くことができます。なぜ短いプログラムになるのでしょうか？ 関数をその名前で何度も呼び出すことは、その関数に対するプログラムを何度も書き出すよりも優れているからです。

　「十分うまく定義する」とはどういう意味でしょうか？ これは、関数がどのような種類の入力を受け取り、どのような出力を行うかを明確にすることを意味します。ある関数が数値だけを入力として受け取るとすれば、その関数に文字で構成された単語を入力することはできません。

　繰り返しますが、関数のこの単純な考えを理解する最良の方法は、単純な関数を作って、それを試すことです。次のプログラムを入力して実行してみましょう。

```
# 入力として2つの数を受け取り、
# その平均を出力する関数
def avg(x,y):
    print("first input is", x)
    print("second input is", y)
    a = (x + y) / 2.0
    print("average is", a)
    return a
```

このプログラムは何をするのかを確認しましょう。# で始まる最初の2行はコメントとして Python では無視されますが、将来のこのプログラムを読む人のために有用です。次の "def avg(x,y)" は Python に再利用可能な関数を定義することを伝えています。つまりキーワード "def" がその役目を担っています。"avg" はその関数に与えた名前です。関数名は "banana" でも "pluto" でも何でもよいのですが、実際にその関数が何であったのかを思い起こさせる名前を使用するのがよいです。括弧の付いた (x,y) は Python にその関数が2つの入力を受け取ることを伝えています。x や y は関数の引数と呼ばれる変数です。あるプログラミング言語では、引数の変数の型を指定しなければなりませんが、Python はその必要がありません。Python では引数の変数に間違えた型のデータを与えた時点でエラーが出ます。例えば入力の変数の型が数値なのに、その変数に単語を入力しようとした場合などです。

　関数を定義しようとしていることを Python に知らせたので、次に関数が実際に何をするのかを伝える必要があります。前ページのプログラムのように、関数の定義はインデントされます。プログラム中の入れ子関係を明確にするために大量の括弧を使用するプログラム言語が多いですが、Python の設計者は大量の括弧は見た目上複雑さを感じ、インデントを使ってプログラムの構造を即座に、しかもより簡単に理解できるようにしました。そのようなインデントが良いかどうかは意見が分かれますが、私は好きです。このやり方は、コンピュータプログラミングのときとして気味の悪い世界から出てきた、人間に優しい特徴の１つです。

　関数 avg(x, y) の定義は、これまで扱ったものだけで構成されているので、理解するのは簡単です。まず関数が呼び出されたときに関数が受け取った1番目と2番目の数値を表示します。これらの数値を表示することは、平均値を求めるのに必要ではありませんが、関数の内で何が起こっているかを明確にするために行っています。次に平均値 (x+y) / 2.0 を計算し、その値を変数 a に代入します。再度、関数の内部で何が起こっているかを示すために、その平均値を表示します。最後の命令の return a ですが、これは関数が終わりであり、その関数が何を出力するかを Python に伝えます。

　このプログラムを実行しても、何も起こっていないように見えます。何の出力もされないからです。それは関数を定義しただけで、まだそれを使用してい

ないからです。実際に起こったことは、Pythonがこの関数を記録し、その関数が利用される準備をしたことです。

次のセルで avg(2, 4) と入力します。これは入力値 2 と 4 で関数 avg を呼び出すことを意味します。ところで「関数を起動する」ことをコンピュータプログラミングの世界では「関数を呼び出す」と言います。関数は2つの入力値とそこから計算した平均を出力します。期待どおりの出力が得られるはずです。対話的な Python のセッションで関数を呼び出すと、関数の返り値が表示されるので、このやり方でも関数の計算結果を確認できます。以下は avg 関数の定義と avg(2, 4) でこの関数を呼び出した結果と、さらに大きな数で 200 と 301 でこの関数を呼び出した結果を示しています。自分の好きな数を入れて、試してみてください。

```
In [7]:  # 入力として2つの数を受け取り、
         # その平均を出力する関数
         def avg(x,y):
             print("first input is", x)
             print("second input is", y)
             a = (x + y) / 2.0
             print("average is", a)
             return a

In [8]:  avg(2, 4)
         first input is 2
         second input is 4
         average is 3.0
Out[8]:  3.0

In [9]:  avg(200, 301)
         first input is 200
         second input is 301
         average is 250.5
Out[9]:  250.5
```

2つの入力値の平均値を計算する関数のプログラムが、2つの入力値の合計を 2 ではなく 2.0 で割っていることに気づいたでしょうか。これはなぜでしょう？ これは Python の特殊性が原因です。もし 2 で割った場合、結果は小数点以下が切り捨てられます。これは Python が 2 を整数として扱うからです。avg(2, 4) は問題ありません。6/2 は 3 で整数だからです。しかし avg(200, 301) の平均値は 501/2 で、本当は 250.5 ですが、小数点以下は切り捨てられると 250 になります。これは全くばかげています。もし自分の

プログラムが正しく動かないときは、この点をチェックする価値はあります。一方、2.0 で割る場合、厳密な値を Python に要求していることになり、小数点以下が切り捨てられることはありません。

　自分自身を祝福しましょう！　ここでは数学とコンピュータプログラミングにおいて最も重要で強力な要素の1つである再利用可能な関数を扱いました。

　自身のニューラルネットワークのコードを書くとき、再利用可能な関数を使用します。例えば、活性化関数のシグモイド関数の計算を行う再利用可能な関数を作成すれば、それを何度も呼び出すことができます。

2.3.6　配列

　配列は単なる数値の表ですが、非常に便利です。表のように行と列により、特定のセルを参照できます。スプレッドシートでは、B1 や C5 の形でセルが参照され、これらのセルの値は、例えば C3+D7 などの形で計算に利用されます。

　ニューラルネットワークのコードを書くときには、入力信号、重み、出力信号の行列を表現するのに配列を使います。そしてそれらだけでなく、ニューラルネットワーク内部の順方向での信号や逆伝播される誤差を表現するのにも配列を利用します。ですので、配列には慣れておきましょう。まず次のコードを入力して実行してください。

```
import numpy
```

　これは何をしているのでしょうか？ import コマンドは Python に他の場所から追加の能力を取り入れる、つまり新しいツールを追加する指示です。これらの追加されるツールは時として Python の一部でもありますが、すぐに使用できる状態にはなっていません。Python では負荷を小さくするため、追加の機能は使うときにだけ、それを追加して利用します。これらの追加のツールの多くは Python の中核部分ではありませんが、有用な追加機能として作成されたもので、誰もが使用できます。ここでは numpy という名前のモジュールを追加のツールセットに取り込みました。Numpy は配列を扱うモジュールです。配列の生成や計算などの便利な関数が含まれており、非常に人気があります。

　次のセルには、以下のコードを入力してみましょう。

```
a = numpy.zeros( [3,2] )
print(a)
```

　これは numpy モジュールを使用して、要素がすべて 0 の3行2列の行列を作成し、その行列を変数 **a** に代入し、次に変数 **a** を表示しています。変数 **a** は要素が 0 で満たされた 3行2列の行列であることが確認できます。

```
In [2]:  import numpy

In [3]:  a = numpy.zeros( [3,2] )
         print(a)
         [[ 0.  0.]
          [ 0.  0.]
          [ 0.  0.]]
```

　今度はこの配列の中身を変更しましょう。いくつかの 0 を別の値に変更します。次のコードは、特定の要素を指定して、その要素の中身を新しい値で上書きしています。これはスプレッドシートのセルやストリートマップのグリッドを参照するのと同じです。

```
a[0,0] = 1
a[0,1] = 2
a[1,0] = 9
a[2,1] = 12
print(a)
```

最初の行は、0行0列の要素を値1に変更します。以前あったものに上書きされます。他の行も同様の変更です。print(a) で最終的な配列の中身を表示します。最後の表示は、変更後の配列の様子です。

```
In [2]: import numpy

In [3]: a = numpy.zeros( [3,2] )
        print(a)
        [[ 0.  0.]
         [ 0.  0.]
         [ 0.  0.]]

In [4]: a[0,0] = 1
        a[0,1] = 2
        a[1,0] = 9
        a[2,1] = 12
        print(a)
        [[ 1.   2.]
         [ 9.   0.]
         [ 0.  12.]]
```

配列内の要素の値を設定する方法はわかりましたが、配列全体を表示することなしに、それを調べることができるでしょうか。実はそれは以前に行っています。単に a[1, 2] や a[2, 1] といった式を使えばよいです。このような参照で中身を表示したり、中身を別の値に変更したりできます。次のコードはこの点を確認しています。

```
print(a[0,1])
v = a[1,0]
print(v)
```

最初の print 文から値 2.0 が表示されます。これは配列 a の位置 [0, 1] の

要素の中身です。次は a[1, 0] の値が変数 v に代入され、次にそれが出力されます。9.0 が表示されるはずです。

```
In [5]: print(a[0,1])
        v = a[1,0]
        print(v)
        2.0
        9.0
```

列番号と行番号は 1 からではなく、0 から始まります。左上は [0, 0] であって、[1, 1] ではありません。同じように右下は [2, 1] であって [3, 2] ではありません。コンピュータの世界の多くが 1 からではなく 0 から始まることを忘れていると、時々間違いを起こしてしまいます。a[3, 2] を参照しようとすると「存在しないセルにアクセスしようとしている」といったエラーメッセージが表示されます。列と行を混在させても同じ結果です。どんなエラーメッセージが出るかを確認するために、存在しない a[0, 2] にアクセスしてみましょう。

```
In [6]: # trying to look up an array element that doesn't exist
        a[0,2]
---------------------------------------------------------------------------
IndexError                                Traceback (most recent call last)
<ipython-input-6-489d1c44975f> in <module>()
      1 # trying to look up an array element that doesn't exist
----> 2 a[0,2]

IndexError: index 2 is out of bounds for axis 1 with size 2
```

配列や行列はニューラルネットワークにとって有用です。ネットワークを介して信号を前方に送り、後方から誤差を得るための多大な計算を行うための命令を、配列や行列は単純化することができるからです。この本のPart 1 でこれは確認しました。

2.3.7　配列のプロット

数値の入った巨大な表やリストと同じように、巨大な配列を直接見ても、何も考察できません。それらを視覚化することは、その一般的な意味を知る助けになります。数値の2次元配列を効果的にプロットする1つの方法は、配列の各要素の値に応じて色付けした点を平面上に配置することです。要素内の値に

対してどのような色を与えるかも選択できます。値の大きさに応じて色の目盛りを変えることもできるし、特定のしきい値を超える値は黒で、その他をすべての色を白にすることもできます。

先に作成した小さな3行2列の配列をプロットしてみましょう。

これを行う前に、グラフをプロットできるように Python の能力を拡張する必要があります。他の人が書いた追加の Python のコードをインポートすることでこれを行います。友人から借りた料理レシピ本を自分の本棚に追加するようなものです。そうすることで、以前よりもより多種類の料理を用意できるようになります。

以下は、グラフのプロット機能をインポートする方法を示しています。

```
import matplotlib.pyplot
```

"matplotlib.pyplot" は、先のたとえで言えば、友達から借りる新しい「レシピブック」の名前です。Python を学習していると、"import a module" や "import a library" などといったフレーズに出くわすかもしれません。これらはインポートする追加の Python コードに与えられた名前です。Python に慣れてくれば、他の人が作った有用なプログラムを再利用することによって、自分の作業をより容易にしてくれる追加の機能をインポートすることになるでしょう。もちろん、あなた自身が役に立つコードを作成して他の人と共有することもできます。

もう1つ大事な点があります。Notebookにグラフをプロットすることについて IPython に対して断固とした態度を取る必要があります。別の外部ウィンドウにプロットしようとする必要はありません。この明示的命令は次のように行います。

```
%matplotlib inline
```

これで先ほどの配列をプロットする準備が整いました。次のコードを入力して実行してみましょう。

```
matplotlib.pyplot.imshow(a, interpolation="nearest")
```

プロットを作成する命令は imshow() であり、その第1パラメータはプロットする配列です。最後の "interpolation" はプロットをよりスムーズに見せるために Python に色を混ぜないように伝えるものです。これはデフォルトでそうなっています。出力を見てみましょう。

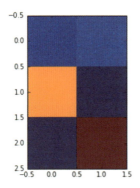

素晴らしいです！ 上の図は 3×2サイズの配列を色でプロットしたものです。同じ値を持つ要素は同じ色になっています。後ほど、imshow() の命令を使用して、ニューラルネットワークに入力する画像の配列を視覚化します。

IPython パッケージには、データを視覚化するための豊富なツールがあります。大きな配列の概略を知るために、視覚化のツールを調べて、それらをを試してください。imshow() 命令だけでも役立ちます。これは異なるカラーパレットを使用します。imshow() にはプロットに関する多くのオプションがあります。

2.3.8 オブジェクト

オブジェクトと呼ばれるもう1つの Python の特徴を見ていきます。オブジェクトは再利用可能な関数と似ています。これは一度定義すれば、何度も利用できるからです。ただし、オブジェクトは単純な関数よりもはるかに多くを行うことができます。

オブジェクトを理解する最も簡単な方法は、抽象的な概念について長い話を聞くのではなく、実際の動作を見ていくことです。次のコードを見てください。

```python
# dog オブジェクトに対するクラス
class Dog:

    # 犬が吠える bark()
    def bark(self):
        print("woof!")
        pass

    pass
```

なじみのある部分から始めましょう。上記のコードの中に bark() という関数があるのがわかります。この関数を呼び出せば、"woof!" と表示されることもわかります。ここは簡単です。

使い慣れた関数定義の辺りを見てみましょう。class というキーワード、"Dog" という名前、および関数のような構造があります。名前を持つ関数定義が2つあります。それらの違いは、関数は "def" キーワードを使用して定義しますが、オブジェクトの定義は "class" というキーワードを使用することです。

オブジェクトと比較して、クラスが何であるかを議論する前に、これらの抽象的なアイデアを明確にする現実的でしかも簡単な次のコードを見てください。

脚注） bark：ほえる、woof：ウーという犬のうなり声　sizzle：怒ってカッカしている状態

```
sizzles = Dog()
sizzles.bark()
```

　最初の行では sizzles という変数を作成しているのがわかります。これは関数呼び出しのようなもので実現されているように見えます。実際、Dog() は Dog クラスのインスタンスを作成する特別な関数です。今、クラス定義からある物を作成する方法を見ることができました。このある物がオブジェクトと呼ばれるものです。Dog クラスの定義から sizzles というオブジェクトを作成しました。つまり、このオブジェクトは犬とみなすことができます。

　次の行は、sizzles オブジェクトに付随している bark() 関数を呼び出しています。関数はすでに見てきたので、これは半分はなじみ深いものです。もう半分のなじみ深くないものは、sizzles オブジェクトの一部であるように bark() を呼び出していることです。これは bark() が Dog クラスから作成されたすべてのオブジェクトが持つ関数だからです。bark() は Dog クラスの定義の中に記述されています。

　簡単な言葉で言いましょう。上記では Dog の一種である sizzles を作りました。sizzles は Dog クラスの型で作られたオブジェクトです。オブジェクトはクラスのインスタンスです。

　以下はこれまでに行ったことを示しています。sizzles.bark() が実際に "woof!" と出力していることが確認できます。

```
In [18]:  # dog オブジェクトに対するクラス
          class Dog:

              # 犬が吠える bark()
              def bark(self):
                  print("woof!")
                  pass
              pass

In [19]:  sizzles = Dog()

In [20]:  sizzles.bark()
          woof!
```

bark(self) とあるように bark 関数の定義の中に self という単語があります。これはとても奇妙です。私は Python が好きですが、Python が完璧だとは思っていません。self がある理由は、Python が関数を作成するときに、その関数を正しいオブジェクトに割り当てるからです。bark() はクラス定義の中にあるので、これは明らかなのですが、Python はどのオブジェクトに対してその関数を付随させるのかを知っておく必要があるのです。ただし、これは私の考えであって、正確なものではないかもしれません。

より便利に使用されているオブジェクトやクラスを見てみましょう。次のコードを見てください。

```
sizzles = Dog()
mutley = Dog()

sizzles.bark()
mutley.bark()
```

以下を実行し、何が起こるか見てみましょう。

```
In [4]: sizzles = Dog()
        mutley = Dog()

        sizzles.bark()
        mutley.bark()
        woof!
        woof!

In [ ]:
```

面白いです！ ここでは sizzles と mutley という2つのオブジェクトを作りました。理解しなければならない重要なことは、2つのオブジェクトが同じ Dog() クラスの定義から作成されていることです。これは強力です！ オブジェクトの外観や動作方法を定義し、実際のインスタンスを作成します。

脚注） `mutley`：Muttley、アニメ『スカイキッドブラック魔王』に登場する犬のキャラクター名（ケンケン）

クラスとオブジェクトは異なるものです。前者は定義であり、後者はその定義からの実際のインスタンスです。クラスとは本のケーキレシピであり、オブジェクトはそのレシピから作られたケーキです。以下は、クラスレシピからオブジェクトがどのように作られているかを視覚的に示しています。

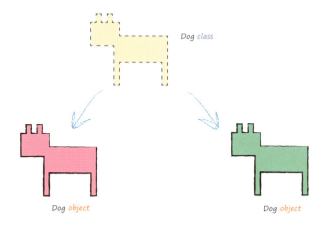

クラスから作られたこれらのオブジェクトはどのような用途を持っているのでしょうか？わざわざ面倒なことをしているように見えます。オブジェクトを作らずに、単に "woof !"という単語を表示する方が簡単ではないのでしょうか？

同じ種類のオブジェクトが同じテンプレートから作成されていると便利です。それぞれを個別に作成するという手間が省けます。しかし、本当のメリットは、オブジェクトがデータと関数をきれいに包んでいることです。そのメリットはプログラムに対してのものです。このようなオブジェクトを使ってプログラムを作れば、複雑な問題をより簡単に理解できるようになります。犬が吠える。ボタンをクリックする。スピーカから音が出る。プリンタが印刷する、あるいは用紙が切れていると言う。多くのコンピュータシステムでは、ボタン、スピーカ、プリンタは実際にオブジェクトとして表され、その機能を呼び出すことができます。

オブジェクトに対する関数はメソッドと呼ばれることもあります。前述のコードですでにこの件は扱いました。実際、Dog クラスに bark() 関数を追加しました。この結果、Dog クラスから作成された sizzle オブジェクトと mutley オブジェクトの両方が bark() メソッドを持ちます。前述のコードで、

両方のオブジェクトがそのメソッドを使ったことを確認できます。

　ニューラルネットワークは、ある入力を受け取り、計算し、そしてその結果を出力します。またニューラルネットワークは学習を行うこともできます。学習を行うこと、計算結果を出力すること、これらの動作がニューラルネットワークの本質的な機能です。つまりニューラルネットワークをオブジェクトとみなすと、それらがそのメソッドということです。また、ニューラルネットワークは、そこに属するデータ、つまりリンクの重みを持っています。以上より、ここではニューラルネットワークをオブジェクトとして構築することにします。

　きちんとした構築のために、クラスにデータを定義する方法と、このデータを表示したり、変更したりするメソッドを定義する方法を確認しておきます。Dogクラスの新しいクラス定義を見てみましょう。ここではいくつか新しい記述がありますので、1つずつ見ていきます。

```python
# 犬のオブジェクトに対するクラス
class Dog:

    # 初期化メソッド
    def __init__(self, petname, temp):
        self.name = petname;
        self.temperature = temp;

    # 状態の取得
    def status(self):
        print("dog name is ", self.name)
        print("dog temperature is ", self.temperature)
        pass

    # 体温の設定
    def setTemperature(self,temp):
        self.temperature = temp;
        pass
```

```
    # 犬が吠える bark()
    def bark(self):
        print("woof!")
        pass

    pass
```

　すぐに気づくと思いますが、Dog クラスに3つの新しい関数が追加されています。bark() はすでに定義してあった関数です。__init__()、status()、setTemperature() の3つの関数が追加されました。新しい関数を追加するのは簡単です。もし望むなら bark() と一緒に sneeze() という関数を追加することもできます。

　しかし、これらの新しい関数は関数名の中に変数名を持っているように見えます。実際、setTemperature は setTemperature(self, temp) です。面白い名前の __init__ は、実際には __init__(self, petname, temp) です。括弧内にあるこれらの余分なものは何でしょうか。それらは関数が呼び出されたときに、その関数が期待している変数です。一般に引数あるいはパラメータと呼ばれるものです。以前例に出した関数 avg(x, y) を覚えているでしょうか？ avg() の定義から、2つの数値の入力が期待されることがわかりました。したがって、__init__() 関数には petname と temp の入力を必要とし、setTemperature() 関数には temp だけの入力を必要とします。

　次に、これらの新しい関数の中身を確認しましょう。最初は奇妙な名前の関数 __init__() です。なぜこんな変な名前なのでしょうか？この名前は特別なもので、Python はオブジェクトを作成するときに __init__() という関数を呼び出します。この関数は、作成するオブジェクトが実際に使用される前に、そのオブジェクトに対してある種の準備を施すのに利用できるので、非常に便利です。では、この魔法の初期化関数で何をするのでしょうか？ self.name と self.temperature という2つの変数を作成しているだけのように見えます。関数に渡される変数 petname と temp からそれらの値が確認できます。"self." の部分は、変数がこのオブジェクト自身（これが "self" です）の一部であることを意味します。つまり"self." の部分は、そのオブジェクトに属し、し

かも他の Dog クラスのオブジェクト、あるいは Python における一般の変数とは独立しています。この犬の名前と別の犬の名前とを混同してはいけません。複雑に感じたかもしれませんが、気にしないでください。実際の例で試してみれば、簡単だとわかるはずです。

次は status() 関数ですが、これはとても簡単です。この関数はパラメータを取らず、単に Dog クラスのオブジェクトの名前と変数 temperature の値を出力します。

最後に、setTemperature() 関数ですが、この関数はパラメータを取ります。この関数が呼び出されると、self.temperature にパラメータ temp を代入します。これは、オブジェクトを作成した後、いつでもオブジェクトの temperature を変更できることを意味します。この変更は何度でも好きなだけ行うことができます。

関数 bark() を含め、これらの関数はどれも第1のパラメータとして "self" を持っている理由を明かしていません。これは少し厄介な Python の特徴の1つであり、Python が進化してきた足跡と言えるものです。そこで行われていることは、定義しようとしている関数が "self" と呼ばれるオブジェクトに属していることを Python に知らせることです。クラス内部に関数を記述しているので、これは明らかだと思うかもしれません。しかし、こうした形の方が良いのかどうかは熟練した Python プログラマの間でさえ議論があります。このパズルとうまく付き合っていってください。

先のコードをはっきりさせるために、実際の動作をすべて見てみましょう。次ページは、これらの新しい関数が定義された新しい Dog クラスと、名前が "Lassie" で最初の temperature が 37 である lassie という Dog クラスのオブジェクトを示しています。

```
In [22]:  # 犬のオブジェクトに対するクラス
          class Dog:
          
              # 初期化メソッド
              def __init__(self, petname, temp):
                  self.name = petname;
                  self.temperature = temp;
              
              # 状態の取得
              def status(self):
                  print("dog name is ", self.name)
                  print("dog temperature is ", self.temperature)
                  pass
              # 体温の設定
              def setTemperature(self,temp):
                  self.temperature = temp;
                  pass
              # 犬が吠える bark()
              def bark(self):
                  print("woof!")
                  pass
              
              pass
```

```
In [23]:  # Dogクラスのオブジェクトを生成する
          lassie = Dog("Lassie", 37)
```

```
In [24]:  lassie.status()
```

```
dog name is  Lassie
dog temperature is  37
```

 Dog クラスのオブジェクト lassie に対して status() 関数を呼び出すと、犬の名前と現在の温度がどのように出力されるのかを確認できます。オブジェクト lassie が作られてから、温度は変わっていません。

 温度を変更して、オブジェクト内で実際に変更されたかどうかを確認しましょう。

```
lassie.setTemperature(40)
lassie.status()
```

脚注） Lassie:『名犬ラッシー』に登場する犬の名

次の結果が得られます。

```
In [23]: # Dogクラスのオブジェクトを生成する
         lassie = Dog("Lassie", 37)
```

```
In [24]: lassie.status()
```
```
dog name is  Lassie
dog temperature is  37
```

```
In [25]: lassie.setTemperature(40)
```

```
In [26]: lassie.status()
```
```
dog name is  Lassie
dog temperature is  40
```

　オブジェクト lassie に対して setTemperature(40) を呼び出すと、オブジェクトの温度に対する内部の記録が変更されたことがわかります。

　オブジェクトについて多くのことを学んだので、とても満足しているはずです。高度なトピックでしたが、それほど難しくはありませんでした。

　これでニューラルネットワークを作るのに十分な Python の知識は得られました。

■ Part 2 - Pythonでやってみよう

2.4 Pythonでニューラルネットワーク

　今学んだ Python を使って自身のニューラルネットワークを作る旅を始めます。この旅の各ステップは簡単に取り組むことができます。少しずつ Python のコードを構築しましょう。

　中程度の複雑さを持つコードを構築するためには、小さなものを最初に作り、それを大きくしていくアプローチが優れています。

　ここまでに学んだことを利用すれば、ニューラルネットワーククラスの骨組みを構築するのは非常に容易です。
　さあ、旅立ちましょう。

2.4.1　コードの骨組み

　まずニューラルネットワーククラスがどのように見えるかを説明します。そこには少なくとも以下の 3つの関数が必要です。

- **初期化**：入力層、隠れ層および出力層の各層のノード数を設定する
- **学習**：与えられた訓練データから重みを調整する
- **照会**：与えられた入力に対する出力層からの答えを返す

　今はこれらを完全には定義できないかもしれませんし、またもっと多くの関数が必要かもしれませんが、今はここから始めましょう。

```
# ニューラルネットワーククラスの定義
class neuralNetwork:
    
    # ニューラルネットワークの初期化
    def __init__():
        pass
    
    # ニューラルネットワークの学習
    def train():
        pass
    
    # ニューラルネットワークへの照会
    def query():
        pass
```

　手はじめのコードとしては悪くはないです。実際、このコードはニューラルネットワークの作業を詳細にコード化するためのしっかりとした骨組みになっています。

2.4.2　ネットワークの初期化

　初期化から始めましょう。とにかく入力層、隠れ層、出力層のノードの数を設定しなければなりません。これはニューラルネットワークの形状とサイズを定義することを意味します。これらを固定したものに設定するのではなく、パラメータを使用して新しいニューラルネットワークオブジェクトを作成するときにそれらを設定する形にします。そうすることで、さまざまなサイズのニューラルネットワークを簡単に作成できるようになります。

　上記の枠組みには、その底辺に重要なポイントが存在します。優れたプログラマ、コンピュータ科学者、数学者は、いつでも特定のコードではなく一般的なコードを作成しようとすることです。それは良い習慣です。なぜなら、より深くしかも広く適用可能な方法で問題を解決することを私たちに強いるからです。これを行うと、構築した解決方法がさまざまな問題に適用できます。これが意味することは、多くの有用なオプションを用意し、前提を最小限にした

ニューラルネットワーク用のコードを開発すべきだということです。そうすることで、作成されたコードがさまざまなニーズに対応できるようになります。作りたいのは、パラメータとして所望のサイズを渡すだけで非常に大きなニューラルネットワークを作るのと同じように、小さなニューラルネットワークを作ることができるクラスです。

学習率も忘れないでください。これは、新しいニューラルネットワークを作成するときに設定すべき便利なパラメータです。以上から155ページの関数 __init__() の外観は以下のようになります。

```python
# ニューラルネットワークの初期化
def __init__(self, inputnodes, hiddennodes,
    outputnodes, learningrate):
    # 入力層、隠れ層、出力層のノード数の設定
    self.inodes = inputnodes
    self.hnodes = hiddennodes
    self.onodes = outputnodes

    # 学習率の設定
    self.lr = learningrate
    pass
```

学習率をニューラルネットワークのクラス定義に追加して、各層が3つのノードからなる 0.3 の学習率を持つ小さなニューラルネットワークのオブジェクトを作成してみましょう。

```python
# 入力層、隠れ層、出力層のノード数
input_nodes = 3
hidden_nodes = 3
output_nodes = 3

# 学習率 = 0.3
learning_rate = 0.3
```

```
# ニューラルネットワークのインスタンスの生成
n = neuralNetwork(input_nodes,hidden_nodes,output_nodes,↲
    learning_rate)
```

確かにこれでオブジェクトができますが、まだ役に立ちません。なぜなら有用な仕事をする関数をまだ何も作っていないからです。でもこれでいいのです。小さなものを最初に作り、問題を発見、解決しながら、それを大きくしていくのは優れたテクニックです。

まだ道に迷わずに正しく進んでいることを確認するために、以下にこの段階での IPython Notebookを示します。ニューラルネットワーククラスの定義とオブジェクトの作成を行っています。

次に何をすればよいでしょうか？ 今のところ、入力層のノード数、隠れ層のノード数、出力層のノード数を設定したニューラルネットワークのオブジェクトを作りましたが、他には何も行われていません。

2.4.3　重み：ネットワークの心臓部

次のステップとして、ノードとリンクのネットワークを作成します。ネットワークの最も重要な部分は、リンクの重みです。それらは、順方向に伝えられる信号、後方に伝搬される誤差を計算するのに使われます。しかも誤差はネットワークを改善するために使われ、リンクの重み自体が調整されます。

これまで、リンクの重みは行列（2次元の配列を行列と言います）として簡潔に表せることを見てきました。ここでも行列を使って作成します。

● 入力層と隠れ層の間のリンクの重みの行列は W_{input_hidden} であり、そのサイズは (hidden_nodes × input_nodes)

● 隠れ層と出力層の間のリンクの重みの行列は W_{hidden_output} であり、そのサイズは(output_nodes × hidden_nodes)

最初の行列のサイズが (hidden_nodes × input_nodes)であり、(input_nodes × hidden_node) でない理由は以前説明しました。慣習です。その形で行うのが通常のやり方です。

本書のPart1では、リンクの重みの初期値は小さく、ランダムでなければならないことを説明しました。以下の numpy の関数は、要素を 0 から 1 のランダムな数で初期化したサイズが (rows × columns) の行列を作成します。

```
numpy.random.rand(rows, columns)
```

良いプログラマはインターネットのサーチエンジンを使って、クールなPython 関数の使い方や自分の知らない有用な関数についてのオンライン文書を探します。Googleはプログラミングに関する情報を見つけるのに特に適しています。例えば、この関数 numpy.random.rand() については以下のURLのような文書が見つかります。

http://docs.scipy.org/doc/numpy-1.10.1/reference/generated/numpy.random.rand.html

numpy を使用する場合は、コードの先頭にこのライブラリをインポートする必要があります。前ページの関数を試して、動作することを確認してください。以下は 3行3列の配列に対して、動作させた例です。配列内の各要素の値が 0から1のランダムな数であることがわかります。

```
In [1]: import numpy

In [3]: numpy.random.rand(3, 3)
Out[3]: array([[ 0.8133122 ,  0.49193566,  0.14790496],
               [ 0.75997346,  0.15676617,  0.27449845],
               [ 0.03287221,  0.01884548,  0.17282894]])
```

　この初期化はもう少しうまくできます。なぜなら先のやり方は、重みは正だけでなく負もありえるという事実を無視しているからです。乱数生成の範囲は -1.0 から 1.0 に指定できます。でももっと簡単に、上で得た各値から 0.5 を引いて、実際には -0.5 から +0.5 の範囲にすればよいです。以下に、この仕掛けがきちんと働いていることを示します。0 以下のいくつかのランダムな値があることがわかります。

```
In [5]: numpy.random.rand(3, 3) - 0.5
Out[5]: array([[ 0.143827  , -0.13728512,  0.24625022],
               [-0.41129188,  0.24551424, -0.43500754],
               [ 0.3188901 ,  0.06173198,  0.18406137]])
```

　Python のコードで初期の重み行列を作成する準備が整いました。これらの重みは、ニューラルネットワークの本質的な部分であり、一度関数が呼び出されると消滅する一時的なデータの集合ではなく、ニューラルネットワークと共に存続します。つまり、これも初期化の一部である必要があり、学習や照会のような他の関数からアクセスできる必要があります。

コメント付きの以下のコードでは、self.inodes, self.hnodes および self.onodes を使用して2つのリンク重み行列を作成し、両方に適切なサイズを設定しています。

```
# リンクの重み行列 wih と who
# 行列内の重み w_i_j, ノード i から次の層のノードj へのリンクの重み
# w11 w21
# w12 w22 など
self.wih = (numpy.random.rand(self.hnodes, self.inodes) - 0.5)
self.who = (numpy.random.rand(self.onodes, self.hnodes) - 0.5)
```

素晴らしいです！ ニューラルネットワークの心臓部であるリンクの重み行列が実装できました。

2.4.4　オプション：より洗練された重み付け

この節はオプションです。単純ですが重みを初期化する一般的で洗練された方法を紹介します。

本書のPart 1の最後にデータの準備と重みの初期化について説明しましたが、そこでの説明に従えば、ランダムに設定する重みの初期化には、もっと洗練された方法が利用できます。つまり平均が 0 で、標準偏差を入ってくるリンクの数の平方根の逆数とした正規分布からのサンプルした値を初期値にする方法です。

これは numpy のライブラリを使えば簡単にできます。ここでも Google は適切な文書を見つけるのに役立ちます。以下のURLで説明している関数 numpy.random.normal() は、正規分布からのサンプリングに役立ちます。

　http://docs.scipy.org/doc/numpy-1.10.1/reference/generated/
　　　　numpy.random.normal.html

要素としてただの数値ではなく、乱数を入れた配列を作りたい場合に使えます。パラメータは分布の平均と標準偏差、そして配列の大きさです。

重みを初期化するコードは次のように改善されます。

```
self.wih = numpy.random.normal(0.0, pow(self.hnodes, -0.5), 
   (self.hnodes, self.inodes))
self.who = numpy.random.normal(0.0, pow(self.onodes, -0.5), 
   (self.onodes, self.hnodes))
```

正規分布の平均を 0.0 に設定しています。標準偏差は次の層のノード数に関連した式になりますが、Python では pow(self.hnodes, -0.5) などと書けます。最後のパラメータは、作成する配列の形状です。

2.4.5　ネットワークへの照会

空の関数 train() を肉付けしていくことによって、ニューラルネットワークを学習するコードを書いていくのは、次の作業として理にかなっています。しかしここでは、これを後回しにして、もっと単純な関数 query() を作ります。これにより Python とニューラルネットワークオブジェクトの中の重み行列を使う練習を行い、徐々に自信を深められます。

関数 query() はニューラルネットワークへの入力を受け取り、そのネットワークの出力を返します。これは簡単ですが、これを行うには入力層から入力信号を隠れ層へ、そしてその出力を最終の出力層へ渡す必要があることに注意してください。また、リンクの重みを利用して、隠れ層のノードや出力層のノードに信号を送る際に信号を調整できること、また、シグモイド活性化関数を利用して、これらのノードからの出力信号を押しつぶせることにも注意してください。

ノードがたくさんある場合は、それぞれのノードに対して重みの調整をしたり、信号を総和したり、活性化関数を適用したりするPythonコードを書き出すという面倒な作業があります。ノードが多ければ多いほど、コードは長くなります。悪夢のようです。

しかし幸いなことに、これらの命令を簡潔に行列形式で書く方法を学んだので、このような面倒な作業は必要ありません。以下は、入力層と隠れ層の間のリンクの重み行列と入力行列とを組み合わせて、隠れ層に入る信号を得る式です。

$$X_{hidden} = W_{input\_hidden} \cdot I$$

これが素晴らしいのは、コードを書くのがより簡単になるということではなく、Python のようなプログラミング言語でも行列を理解し、すべての実際の作業を非常に効率的に行うことができるということです。なぜなら、すべての基礎となる計算の間に類似点があることを認識しているからです。

実際の Python のコードが非常に簡潔であることに驚くと思います。

以下は、行列に対する numpy ライブラリの内積関数をリンク重み行列 W_{input_hidden} と入力の I に適用しています。

```
hidden_inputs = numpy.dot(self.wih, inputs)
```

これだけです。

この単純な Python のコードだけで、入力層に入力された信号がリンクの重みによって調整されて隠れ層に入る信号の行列を作り出しています。次回、入力層または隠れ層が異なる数のノードを持ったとしても、このコードを書き直す必要はありません。これだけで動作します。

このパワーとエレガンスが、本書の最初の方で、行列の掛け算を学んだ理由です。

隠れ層のノードからの出力信号を得るには、そのノードに入る信号にシグモイド関数を適用します。

$$O_{hidden} = sigmoid(\ X_{hidden}\ )$$

もしシグモイド関数が手元にある Python ライブラリにすでに定義されている場合は簡単なはずです。幸いなことに、すぐに存在することがわかりまし

た。Pythonライブラリのscipyにはさまざまな関数が定義されており、シグモイド関数はexpit()として存在します。なぜそんなばかげた名前になっているのかはわかりません。このscipyをnumpyをインポートしたのと同じようにインポートします。

```
# scipy.special のインポート。シグモイド関数 expit() 利用のため
import scipy.special
```

利用する活性化関数を試して微調整したり、あるいは全く別の活性化関数に変更したりする必要があるかもしれないので、利用する活性化関数は、最初に初期化されるニューラルネットワークオブジェクトの内部で、一度だけ定義しておくのがよいです。そうした後なら関数query()などで何度でもその関数を参照することができます。このやり方であれば、活性化関数を変更するのに、その活性化関数が使用されている場所をすべて見つけて、コードを変更する必要はなく、その活性化関数の定義を変更するだけで済みます。

以下では、ニューラルネットワーク初期化のコードの部分に、使用したい活性化関数を定義しています。

```
# 活性化関数はシグモイド関数
self.activation_function = lambda x: scipy.special.expit(x)
```

このコードは何でしょうか？ 今までに見たことのないような形です。lambdaとは何なのでしょうか？ まあ、これは難しそうに見えるかもしれませんが、実際はそうではありません。ここで行ったことは他の関数と同じようにある関数を作成しています。ただ短く書く方法を使っただけです。通常のdef()の定義を使う代わりに、関数を素早く簡単に作成する魔法のlambdaを使ったのです。この関数はxを入力とし、そのシグモイド関数の値であるscipy.special.expit(x)を返します。lambdaで作成された関数は名前のないものや匿名のもので、熟練したプログラマが好んで使いますが、ここではこの関数にself.activation_function()という名前を割り当てています。これが意味するものは、活性化関数を使うときはいつでも、self.activation_function()を呼び出せばよいということです。

手元の作業に戻り、隠れ層にノードに入ってきた結合・調整された信号に活性化関数を適用しましょう。このコードは次のように簡単です。

```
# 隠れ層で結合された信号を活性化関数により出力
hidden_outputs = self.activation_function(hidden_inputs)
```

すなわち、隠れ層のノードから出てくる信号は、hidden_outputs と呼ばれる行列の中にあります。

これで中間の隠れ層まできました。最後の出力層はどうなるでしょうか？隠れ層のノードと出力層のノードの間に違いはありません。処理は同じです。つまりコードも非常に似ています。

隠れ層の信号だけでなく、出力層の信号も計算する方法をまとめた次のコードを見てください

```
# 隠れ層に入ってくる信号の計算
hidden_inputs = numpy.dot(self.wih, inputs)
# 隠れ層で結合された信号を活性化関数により出力
hidden_outputs = self.activation_function(hidden_inputs)

# 出力層に入ってくる信号の計算
final_inputs = numpy.dot(self.who, hidden_outputs)
# 出力層で結合された信号を活性化関数により出力
final_outputs = self.activation_function(final_inputs)
```

コメントを取り除くと、太字のコードが隠れ層に対して2行、出力層に対して2行の計4行あるだけです。これらで必要な計算をすべて行ってくれます。

2.4.6 遠くから見たコード

現在構築しているニューラルネットワーククラスのコードがどのようなものかを確認するために、少し休んで眺めてみましょう。次のようになります。

```python
# ニューラルネットワーククラスの定義
class neuralNetwork:
    
    
    # ニューラルネットワークの初期化
    def __init__(self, inputnodes, hiddennodes, outputnodes,
      learningrate):
        # 入力層、隠れ層、出力層のノード数の設定
        self.inodes = inputnodes
        self.hnodes = hiddennodes
        self.onodes = outputnodes
        
        # リンクの重み行列 wih と who
        # 行列内の重み w_i_j, ノードiから次の層のノードj へのリンクの重み
        # w11 w21
        # w12 w22 など
        self.wih = numpy.random.normal(0.0, pow(self.hnodes,
          -0.5), (self.hnodes, self.inodes))
        self.who = numpy.random.normal(0.0, pow(self.onodes,
          -0.5), (self.onodes, self.hnodes))
        
        # 学習率の設定
        self.lr = learningrate
        
        # 活性化関数はシグモイド関数
        self.activation_function = lambda x: scipy.special.expit(x)
        
        pass
```

```python
# ニューラルネットワークの学習
def train():
    pass


# ニューラルネットワークへの照会
def query(self, inputs_list):
    # 入力リストを行列に変換
    inputs = numpy.array(inputs_list, ndmin=2).T

    # 隠れ層に入ってくる信号の計算
    hidden_inputs = numpy.dot(self.wih, inputs)
    # 隠れ層で結合された信号を活性化関数により出力
    hidden_outputs = self.activation_function(hidden_inputs)

    # 出力層に入ってくる信号の計算
    final_inputs = numpy.dot(self.who, hidden_outputs)
    # 出力層で結合された信号を活性化関数により出力
    final_outputs = self.activation_function(final_inputs)

    return final_outputs
```

　1番目のNotebookのセルの、コードの先頭にnumpy と scipy.special モジュールをインポートしていることを除けば、これはまさにクラスの定義です。

```python
import numpy
# scipy.special のインポート。シグモイド関数 expit() 利用のため
import scipy.special
```

　簡単に言えば関数 query() はinput_list だけを必要としています。他の入力は必要ありません。

　うまく進んでいます。次に欠けている部分である関数 train() を見ましょう。訓練には 2つのステップがあることを思い出してください。最初のステップは

出力の計算です。これは query() が行います。2番目のステップはリンクの重みの更新のための誤差の逆伝播です。

例を使ってネットワークを学習する関数 train() を書く前に、今までに書いたコードをテストしてみましょう。小さなネットワークを作成し、それがうまく動くことを確認するために、ランダムな入力で照会してみましょう。この照会は現実のものではないので、意味がないのは明らかですが、作った関数を確認するために、これを行います。

以下では、165〜166ページのコード入力後、入力層、隠れ層、出力層のそれぞれが3つのノードを持つ小さなネットワークを作成し、(1.0, 0.5, -1.5) のランダムに選択された入力で照会しています。

```
In [12]: # 入力層、隠れ層、出力層のノード数
         input_nodes = 3
         hidden_nodes = 3
         output_nodes = 3

         # 学習率 = 0.3
         learning_rate = 0.3

         # ニューラルネットワークのインスタンスの生成
         n = neuralNetwork(input_nodes,hidden_nodes,output_nodes, learning_rate)

In [13]: n.query([1.0, 0.5, -1.5])
Out[13]: array([[ 0.36880968],
                [ 0.59523476],
                [ 0.54906844]])
```

ニューラルネットワークオブジェクトの作成には、まだ使用していないのですが、学習率を設定する必要があります。これはニューラルネットワーククラスの定義には初期化関数 __init__() があり、そこで学習率を設定する必要があるからです。もし学習率が設定されていなければ、Python コードは失敗し、エラーを返します。

また、入力はリストです。リストは Pythonでは角括弧を使って書かれます。出力も数値からなるリストです。たとえこの出力が実際の意味を持たなくても、ネットワークを学習するわけではないので、気にしないでください。

2.4.7　ネットワークの学習

少し複雑な学習に取り組んでみましょう。学習は2つの処理からなります。

● 第1の処理は、与えられた訓練データの出力を得る処理です。これは関数 query() で行う処理と同じです。

● 第2の処理は、訓練データの出力と訓練データの真の出力とを比較し、その差を用いてネットワークの重みを更新する処理です。

第1の処理はすでに説明しています。以下に書きます。

```python
# ニューラルネットワークの学習
def train(self, inputs_list, targets_list):
    # 入力リストを行列に変換
    inputs = numpy.array(inputs_list, ndmin=2).T
    targets = numpy.array(targets_list, ndmin=2).T
    
    # 隠れ層に入ってくる信号の計算
    hidden_inputs = numpy.dot(self.wih, inputs)
    # 隠れ層で結合された信号を活性化関数により出力
    hidden_outputs = self.activation_function(hidden_inputs)
    
    # 出力層に入ってくる信号の計算
    final_inputs = numpy.dot(self.who, hidden_outputs)
    # 出力層で結合された信号を活性化関数により出力
    final_outputs = self.activation_function(final_inputs)
    
    pass
```

このコードは、入力層から最終の出力層へ全く同じ方法で信号を送るので、関数 query() のコードとほぼ同じです。

唯一の違いは、追加の引数 targets_list が定義されていることです。これは真の出力（目標出力）を含む訓練データがないとネットワークを学習することができないためです。

```
def train(self, inputs_list, targets_list)
```

このコードの inputs_list は numpy の配列の変数で、targets_list も numpy の配列の変数です。

```
targets = numpy.array(targets_list, ndmin=2).T
```

そろそろニューラルネットワークの構築作業の中心に近づいてきました。計算結果と目標出力との間の誤差に基づいて重みを改善します。

確認が簡単な手順でこれをやりましょう。

最初に、訓練データによって提供される目標出力と実際に計算された出力との差である誤差を計算する必要があります。これは行列の差 (targets - final_outputs)で求まります。このため Python のコードはとても簡単です。行列のエレガントな力が示されています。

```
# 出力層の誤差 = （目標出力 − 最終出力）
output_errors = targets - final_outputs
```

これで隠れ層のノードに対する誤差逆伝搬の計算を行えます。接続された重みにしたがって誤差をどのように分割したかを思い出してください。そして隠れ層の各々のノードに対してそれらを再結合してください。この計算は以下のように行列の形で実現できます。

$$\text{errors}_{\text{hidden}} = \text{weights}^{\mathsf{T}}_{\text{hidden\_output}} \cdot \text{errors}_{\text{output}}$$

Python は numpy を使って行列の内積を行う能力があるので、前ページの数式に対するコードもやはり簡単です。

```
# 隠れ層の誤差は出力層の誤差をリンクの重みの割合で分配
hidden_errors = numpy.dot(self.who.T, output_errors)
```

各層の重みを更新するために必要なものがあります。隠れ層と最終層の間の重みについては output_errors を使用します。入力層と隠れ層の間の重みについては、計算した hidden_errors を使用します。

以前、ある層のノード **j** と次の層のノード **k** との間のリンクの重みを更新する式を行列の式で表しました。思い出してください。

$$\Delta W_{jk} = \alpha * E_k * sigmoid(O_k) * (1 - sigmoid(O_k)) \cdot O_j^T$$

α は学習率であり、sigmoidはこれまでに扱ってきたシグモイド活性化関数です。* は行列の要素同士の掛け算であり、・(dot:ドット) は行列の内積です。最後に、直前の層からの出力の行列は転置されます。これは出力の列が出力の行になることを意味します。

これをうまくPython のコードに変換する必要があります。まず隠れ層と最終の層の間の重みに対するコードを作ってみましょう。

```
# 隠れ層と出力層の間のリンクの重みを更新
self.who += self.lr * numpy.dot(
    (output_errors * final_outputs * (1.0 - final_outputs)),
    numpy.transpose(hidden_outputs))
```

これは長いコードですが、コードに色を付けると、それがその数式とどのように関連しているかを理解しやすいです。学習率は self.lr で、単純に残りの式に掛けられます。numpy.dot() によって行われる行列乗算があり、2つの要素は赤と緑で色付けされ、それらは次の層からの誤差とシグモイド関数に関連

した部分と前の層からの転置された出力を示しています。

 += は、左辺の変数を指定した量だけ増やすことを意味します。なので **x** += 3 は **x** を 3 だけ増やすことを意味します。これは **x** = **x**+3 を短く書く書き方です。これは他の算術にも使うことができます。**x** /= 3 は **x** を 3 で割り、それを x に代入することを意味します。

 入力層と隠れ層の間の重みに対するコードは先ほど示した隠れ層と出力層間に対するコードととても似ています。対称性を利用して、コード内の名前を置き換えて、前の層を参照するようにします。類似点と相違点を見ることができるように、コードには両者の重みに色を付けています。

```
# 隠れ層と出力層の間のリンクの重みを更新
self.who += self.lr * numpy.dot((output_errors *
    final_outputs * (1.0 - final_outputs)),
    numpy.transpose(hidden_outputs))

# 入力層と隠れ層の間のリンクの重みを更新
self.wih += self.lr * numpy.dot((hidden_errors *
    hidden_outputs * (1.0 - hidden_outputs)),
    numpy.transpose(inputs))
```

これだけです。

 膨大な計算量と、行列によるアプローチの取り組み、ネットワークの誤差を最小化する勾配降下法による処理など以前説明したものすべてを、上記の短い簡潔なコードが取り込んでいるのは、信じられないことです。いくつかの点で、それは Python の力によるものですが、実際は、構築すべき複雑で恐ろしいものを単純化したことが大きいです。

2.4.8 完成版ニューラルネットワークコード

ニューラルネットワークのクラスは完成しました。ここに示すコードは参照用です。以下のリンク先からいつでもダウンロード可能です。

https://github.com/makeyourownneuralnetwork/makeyourownneuralnetwork/blob/master/part2_neural_network.ipynb

```python
# ニューラルネットワーククラスの定義
class neuralNetwork:


    # ニューラルネットワークの初期化
    def __init__(self, inputnodes, hiddennodes, outputnodes,
      learningrate):
        # 入力層、隠れ層、出力層のノード数を設定
        self.inodes = inputnodes
        self.hnodes = hiddennodes
        self.onodes = outputnodes

        # リンクの重み行列 wih と who
        # 行列内の重み w_i_j, ノードiから次の層のノードj へのリンクの重み
        # w11 w21
        # w12 w22 など
        self.wih = numpy.random.normal(0.0, pow(self.hnodes,
          -0.5), (self.hnodes, self.inodes))
        self.who = numpy.random.normal(0.0, pow(self.onodes,
          -0.5), (self.onodes, self.hnodes))


        # 学習率の設定
        self.lr = learningrate

        # 活性化関数はシグモイド関数
        self.activation_function = lambda x: scipy.special.
```

```
        expit(x)
    
    pass


# ニューラルネットワークの学習
def train(self, inputs_list, targets_list):
    # 入力リストを行列に変換
    inputs = numpy.array(inputs_list, ndmin=2).T
    targets = numpy.array(targets_list, ndmin=2).T
    
    # 隠れ層に入ってくる信号の計算
    hidden_inputs = numpy.dot(self.wih, inputs)
    # 隠れ層で結合された信号を活性化関数により出力
    hidden_outputs = self.activation_function(hidden_inputs)
    
    # 出力層に入ってくる信号の計算
    final_inputs = numpy.dot(self.who, hidden_outputs)
    # 出力層で結合された信号を活性化関数により出力
    final_outputs = self.activation_function(final_inputs)
    
    # 出力層の誤差 = (目標出力 - 最終出力)
    output_errors = targets - final_outputs
    # 隠れ層の誤差は出力層の誤差をリンクの重みの割合で分配
    hidden_errors = numpy.dot(self.who.T, output_errors)
    
    # 隠れ層と出力層の間のリンクの重みを更新
    self.who += self.lr * numpy.dot((output_errors *
        final_outputs * (1.0 - final_outputs)), numpy.
        transpose(hidden_outputs))
    
    # 入力層と隠れ層の間のリンクの重みを更新
    self.wih += self.lr * numpy.dot((hidden_errors
        * hidden_outputs * (1.0 - hidden_outputs)),
        numpy.transpose(inputs))
```

```python
        pass
    
    
    # ニューラルネットワークへの照会
    def query(self, inputs_list):
        # 入力リストを行列に変換
        inputs = numpy.array(inputs_list, ndmin=2).T
        
        # 隠れ層に入ってくる信号の計算
        hidden_inputs = numpy.dot(self.wih, inputs)
        # 隠れ層で結合された信号を活性化関数により出力
        hidden_outputs = self.activation_function(hidden_inputs)
        
        # 出力層に入ってくる信号の計算
        final_inputs = numpy.dot(self.who, hidden_outputs)
        # 出力層で結合された信号を活性化関数により出力
        final_outputs = self.activation_function(final_inputs)
        
        return final_outputs
```

　ここに示したコードは短いものです。ただほとんどのタスクに対しては3層のニューラルネットワークを構築して、学習できれば十分であり、そのためにここでのコードが利用できることが分かっている人にとっては、このコードで十分です。

　次は、手書き数字を認識するという特殊なタスクに取り組んでみます。

2.5 手書き数字のMNISTデータセット

2.5.1 MNIST

　手書き文字の認識は人工知能を試す上での理想的な課題です。なぜならこの問題は十分に難しく曖昧だからです。この課題は「数多くの数を掛ける」というタスクとは違い、はっきりしていた解き方はありません。

　コンピュータに画像内のものを正しく分類させようとする試み（画像認識とも呼ばれます）は、何十年も研究されましたが、実現できませんでした。最近、画期的な進歩がありましたが、その飛躍にはニューラルネットワークのような手法が重要な役割を演じました。

　画像認識がどれほど難しいかは、人間であっても画像に含まれるものに一致した答えが得られないこともあることから予想できます。人間であってもある手書きの文字が実際に何の文字かが分からないことがよくあります。特にその文字が急いで書かれたり、雑に書かれていれば、なおさらです。次の手書き数字を見てください。これは4でしょうか9でしょうか？

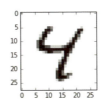

　人工知能研究者が最新のアイデアやアルゴリズムを試すために利用する手書き数字の画像集があります。この画像集はよく知られており、広く利用されています。これは画像認識の独自のアイデアが他のアイデアと比べてどれほどうまく機能するかを簡単に確認できるということを意味しています。つまり異

■Part 2 - Pythonでやってみよう

なるアイデアやアルゴリズムが同じデータセットに対してテストされます。

　このデータセットは、MNIST と呼ばれる手書き数字のデータベースです。これはニューラルネットワークの研究者 Yann LeCun のウェブサイト http://yann.lecun.com/exdb/mnist/ から入手できます。このページには、これらの手書き数字を学習して分類する際に、古いアイデアや新しいアイデアがどのくらいうまく実行されたかが記載されています。自分のアイデアが専門家たちのものと比べてどの程度のものなのかを知るために、そのページに何度か戻って、この記載を確認することでしょう。

　MNIST データベースのフォーマットは扱いが簡単ではないので、より単純なフォーマットのものが作成されています。例えばサイト http://pjreddie.com/projects/mnist-in-csv/ のものもそうです。これらのファイルは CSV ファイルと呼ばれています。CSV ファイルはテキストファイルであり、各データがカンマ区切りで記載されています。そのためテキストエディタを使って簡単に見ることができます。そして表計算ソフトやデータ解析用のソフトウェアは CSV ファイルを扱うことができます。現在、CSV ファイルはデータを記述する標準的なフォーマットです。以下のサイトから 2 つの CSV ファイルが得られます。

● **訓練データ** http://www.pjreddie.com/media/files/mnist_train.csv

● **テストデータ** http://www.pjreddie.com/media/files/mnist_test.csv

　名前が示唆しているように、訓練データはニューラルネットワークを学習するのに使われる 60,000 個のラベル付きデータです。ラベルとはそのデータが入力されたときの所望の出力です。つまりそのデータに対する答えです。

　10,000 個のデータの小さい方のテストデータを使用して、自分のアイデアやアルゴリズムがどれくらいうまく動作するかを確認します。テストデータにも正しいラベルが付けられているので、テスト対象のニューラルネットワークが正しい答えを出しているのかどうかを確認することができます。

　訓練データとテストデータを分けておくという考えは、これまで見たことの

ないデータでテストすることを意味します。もしこうしなければ、不正行為をして訓練データを単に記憶して、欺瞞的ではあるが完璧なスコアを出すことができるからです。訓練データとテストデータを分離するこの考えは、機械学習全体に共通している考え方です。

これらのファイルを見てみましょう。以下は、テキストエディタに読み込ませた MNIST のテストデータの一部です。

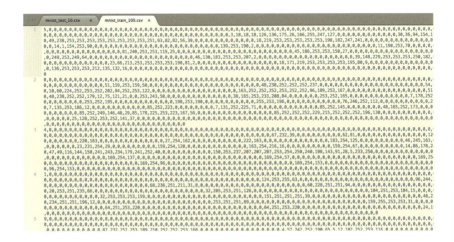

何でしょう、これは？ 何か間違っているように見えます。コンピュータがハッキングされる80年代の映画のようです。

大丈夫です。実際はすべてが順調です。テキストエディタは長いテキスト行を表示しています。これらの行はコンマで区切られた数字で構成されています。それは見るのが簡単です。1行はかなり長いので、数回折り返しています。有益なことに、このテキストエディタは左の余白に実際の行番号を表示しています。つまり4行からなる4つのデータ行と5行目に次のデータの一部を見ることができます。

このような1データを1行のテキストで表す形式はその内容がわかりやすいです。

● 最初の値はラベルです。つまり、データである手書き文字が表している実際の "7" や "9" のような数字です。これはニューラルネットワークが正しいことを学ぶための目標としている答えです。

● コンマ区切りの値は、手書き数字のピクセル値です。ピクセル配列のサイズは 28×28 ＝784 なので、ラベルの後に 784 個の値があります。確かめたいなら、数えてください！

つまり最初のデータの1番目の値はラベルであり数字 "5" です、その行の残りの数値は、誰かが書いた手書きの数字 5 のピクセル値です。そして2番目のデータは手書き数字の "0"、3番目のデータは手書き数字の "4"、4番目のデータは手書き数字の "1"、5番目のデータは手書き数字の "9" となっています。MNIST データファイルのどの行も、その最初の数字はその画像データのラベルになっています。

しかし、784 個の値の長いリストから誰かの手書き数字 5 の画像を想像するのは困難です。もしそれを行いたいなら、それらの数値が実際には手書き数字のカラー値であることを確認するために、画像としてそれらの数値をプロットする必要があります。

このデータに取り組む前に、MNIST データセットのより小さなサブセットをダウンロードすべきです。MNIST データセットはかなり大きいため、最初は小さなサブセットで作業した方がよいです。なぜなら大規模なデータセットを使って実験、試用、開発するのは処理時間がかかりますが、小さなサブセットで行えば、それらの時間が節約できます。満足できるアルゴリズムとコードができた後に、完全なデータセットを使用すればよいです。

以下は、MNIST データセットのより小さいサブセットへのリンクです。そこには CSV 形式のものもあります。

● MNIST テストデータからの10データ：
   https://raw.githubusercontent.com/makeyourownneuralnetwork/makeyourownneuralnetwork/master/mnist_dataset/mnist_test_10.csv

- **MNIST 訓練データからの 100 データ:**

  https://raw.githubusercontent.com/makeyourownneuralnetwork/
  makeyourownneuralnetwork/master/mnist_dataset/
  mnist_train_100.csv

ブラウザが自動的にデータをダウンロードせずに、そのデータを示した場合は、"別名で保存"を使用してファイルを手動で保存してください。あるいはブラウザにそれと同等の機能があるかもしれません。

データファイルを適切な場所に保存してください。次のスクリーンショットに示すように、図では IPython notebooks の隣に "mnist_dataset" というフォルダを作って、そこに保存しています。IPython Notebookやデータファイルがいろいろな場所に散らばっていると面倒だからです。

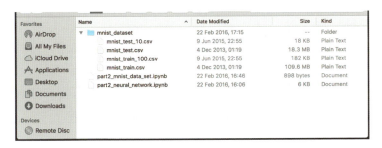

データをプロットしたり、それを使ってニューラルネットワークを学習したりする前に、まず Python コードからどうやってそのデータを取得するかを調べる必要があります。

ファイルを開いてその内容を取得するのは、Python ではとても簡単です。例を見て理解するのが一番です。次のコードを見てください。

```
data_file = open("mnist_dataset/mnist_train_100.csv", 'r')
data_list = data_file.readlines()
data_file.close()
```

> **訳注)** Windowsの場合、IPythonのNotebookは通常は個人用フォルダ（C:\Users\ログインユーザ名）に保存されますので、そこにmnist_datasetフォルダを作りMNISTデータセットを保存します。

ここには３行のコードしかありません。各行を説明しましょう。

　最初の行では、関数 open() を使用してファイルを開きます。関数に渡される第1引数は、ファイルの名前です。実際には、それは単なるファイル名 "mnist_train_100.csv" 以上のもので、そのファイルが入っているディレクトリを含む全体のパスを書きます。第2引数はオプションです。Python にどのようにそのファイルを扱うのかを指示します。'r' は、Pythonに、ファイルを読み込み専用、つまりそのファイルには書き込みをしないということで開くことを指示します。そうすれば、データを変更または削除する事故を避けることができます。もしそのファイルに書き出して変更しようとすると、Python は処理を止めてエラーを発生します。変数 data_file は何でしょうか？ 関数 open() はそのファイルへの参照としてファイルハンドルを作成し、それを data_file という名前の変数に割り当てます。これでファイルは開かれました。ファイルから何かを読み込みむ処理は、そのファイルハンドルを通して行われます。

　次の行はシンプルです。関数 readlines() を使用して、ファイルハンドル data_file の指すファイル内のすべての行を変数 data_list に読み込みます。この変数はリストです。リストの各項目はファイル内の行を表す文字列です。これは非常に便利です。なぜならリスト内の特定の要素を取り出せば、ファイル内のその行を取り出せるからです。つまり data_list[0] は最初のデータであり、data_list[9] は10番目のデータです。

　ところで、readlines() はファイル全体をメモリに読み込むため、readlines() を使用しないように言われることがあります。readlines() を使用せず、1行ずつ読めばよいという意味です。必要とされる処理を1行ずつ行うということです。これは間違いではありません。確かに1行ずつ処理するのは効率的ですし、ファイル全体をメモリに載せることもありません。しかしながらここでのファイルはそんなに巨大ではありませんし、readlines() を使えばコードは簡単です。Python では簡潔で簡明であることが重要です。

　最後の行はファイルを閉じます。ファイルのようなリソースを使用した後は、それを閉じてクリーンアップするのは良い習慣です。もしそれを行わなかったら、ファイルは開いたままであり何か問題を引き起こす可能性がありま

す。どんな問題でしょうか？ コードによっては、矛盾が生じているような
ファイルがあると、そのファイルに書き込みを行わないかもしれません。それ
は2人の人が、同じ紙に手紙を書こうとするようなものです。この種の衝突を
防ぐために、コンピュータがファイルをロックすることがあります。またファ
イルを使用した後にクリーンアップしない場合、ロックされたファイルが構築
されます。少なくともファイルを閉じることでコンピュータがそのファイルの
一部を保持するために使用したメモリを解放することができます。

新しい空のNotebookを作成し、このコードを試して、そのリストの要素をプ
リントアウトするとどうなるかを見てください。以下はこの作業を示しています。

```
In [8]: data_file = open("mnist_dataset/mnist_train_100.csv", 'r')
        data_list = data_file.readlines()
        data_file.close()

In [9]: len(data_list)
Out[9]: 100

In [10]: data_list[0]
Out[10]: '5,0,0,0,0,0,0,0,0,0,0,0,0,0,0,0,0,0,0,0,0,0,0,0,0,0,0,0,0,0,0,0,0,0,0,0,0,0,0,
0,0,0,0,0,0,0,0,0,0,0,0,0,0,0,0,0,0,0,0,0,0,0,0,0,0,0,0,0,0,0,0,0,0,0,0,0,0,0,0,0,0
,0,0,0,0,0,0,0,0,0,0,0,0,0,0,0,0,0,0,0,0,0,0,0,0,0,0,0,3,18,18,18,126,136,175,26,166,255,247,127,0,
0,0,0,0,0,0,0,0,0,0,0,0,30,36,94,154,170,253,253,253,253,253,225,172,253,242,195,64,0,0,0,0,0,0,0,0,49,238,253,25
3,253,253,253,253,253,253,253,251,93,82,82,56,39,0,0,0,0,0,0,0,0,0,0,0,0,18,219,253,253,253,253,198,182,247,241,0,0,0
,0,0,0,0,0,0,0,0,0,0,0,0,0,0,0,80,156,107,253,253,205,11,0,43,154,0,0,0,0,0,0,0,0,0,0,0,0,0,0,0,14,1,154,253,
90,0,0,0,0,0,0,0,0,0,0,0,0,0,0,0,0,0,0,139,253,190,2,0,0,0,0,0,0,0,0,0,0,0,0,0,0,0,0,0,0,0,0,0,11
,190,253,70,0,0,0,0,0,0,0,0,0,0,0,0,0,0,0,0,0,0,0,35,241,225,160,108,1,0,0,0,0,0,0,0,0,0,0,0,0,0,0,0,
0,0,0,0,0,0,81,240,253,253,119,25,0,0,0,0,0,0,0,0,0,0,0,0,0,0,0,0,0,45,186,253,253,150,27,0,0,0,0,0,0,0,0
,0,0,0,0,0,0,0,0,0,0,0,0,0,16,93,252,253,187,0,0,0,0,0,0,0,0,0,0,0,0,0,0,0,0,0,0,0,0,0,249,253,249,64,0,0
,253,253,250,182,0,0,0,0,0,0,0,0,0,0,0,0,0,0,0,0,0,0,24,114,221,253,253,253,253,201,78,0,0,0,0,0,0,0,0,0,0,0
,0,23,66,213,253,253,253,253,198,81,2,0,0,0,0,0,0,0,0,0,0,0,0,0,0,0,18,171,219,253,253,253,253,195,80,9,0,0,0,0,0,0
,0,0,0,0,0,0,0,0,0,0,55,172,226,253,253,253,253,244,133,11,0,0,0,0,0,0,0,0,0,0,0,0,0,0,0,0,0,0,0,136,253,253,253,212,13
5,132,16,0,0,0,0,0,0,0,0,0,0,0,0,0,0,0,0,0,0,0,0,0,0,0,0,0,0,0,0,0,0,0,0,0,0,0,0,0,0,0,0,0,0,0,0,0,0,
0,0,0,0,0,0,0,0,0,0,0,0,0,0,0,0,0,0,0,0,0,0,0,0,0,0,0,0,0,0,0,0,0,0,0\n'
```

len(data_list) でリストの長さは100であることがわかります。Python の
関数 len() は、リストの大きさを教えてくれます。また、最初のデータ data_
list[0] で最初のデータの内容も見ることができます。最初の数字はラベルであ
る '5'で、残りの 784個の数字は画像を構成するピクセルのカラー値です。よ
く見れば、これらの色の値が 0 から 255 の範囲にあることがわかります。他
のデータを見ても、そうなっていることがわかります。実際に色の値は 0 か
ら 255 の範囲内にあるのです。

関数 imshow() を使用して長方形の配列をプロットする方法は以前説明し
ました。ここでも同じことを行いますが、コンマ区切りの数字のリストを適切
な配列に変換する必要があります。以下にこれを行う手順を示します。

- コンマの記号を分割する位置とすることで、コンマで区切られた長いテ

キスト文字列を個々の値に分割します。

● ラベルである最初の値を無視し、残りの 28 * 28 = 784 個の値のリストを作り、それを 28行28列 の形状を持つ配列に変換します。

● 最後に、できた配列をプロットします。

繰り返しますが、これを行うシンプルな Python コードを示すのが理解するための最短経路です。何が起こっているのかを、対応するコードで説明します。

まず、配列やプロットに役立つ Python の拡張ライブラリをインポートすることを忘れてはなりません。

```
import numpy
import matplotlib.pyplot
%matplotlib inline
```

次のコードを見てください。変数はどのデータがどこで使用されているかを簡単に理解できるように色付けされています。

```
all_values = data_list[0].split(',')
image_array = numpy.asfarray(all_values[1:]).reshape((28,28))
matplotlib.pyplot.imshow(image_array, cmap='Greys',
  interpolation='None')
```

最初の行は、今プリントアウトした第1番目のデータである data_list [0] の受け取り、その長い文字列をコンマで区切ります。これを行うのが関数 split() です。引数として分割の記号を渡します。この場合、分割の記号はコンマです。結果は all_values に入ります。この変数を表示すれば、Python の長いリストであることが確認できます。

次の行はもっと複雑に見えます。1つの行にいくつかのことが起こっているからです。中心部分から取り組んでみましょう。中心部分に all_values のリ

ストがありますが、今回はこのリストの最初の要素を除いたすべての要素を取り出すために角括弧 [1:] が使用されています。これが最初のラベル値を無視し、残りの 784 個の値だけを取る方法です。関数 numpy.asfarray() は、テキスト文字列を実数に変換し、それらの数の配列を作成する numpy の関数です。中断しますが、文字列を数値に変換するとはどういう意味でしょうか？ファイルはテキストとして読み込まれ、各行またはデータはテキストのままです。そして各行をコンマで区切っても、区切られたものもテキストのままです。区切られたテキストは、"apple"、"orange123" あるいは "567" などという単語になります。テキスト文字列 "567" は数値 567 と同じではありません。そのため、テキストが数値のように見えても、テキスト文字列を数字に変換する必要があるのです。最後の.reshape((28, 28))は、数値のリストを 28 要素ごとにラップし、28行28列の正方行列を作ります。結果の 28行28列の配列は image_array という変数に割り当てます。上記の処理を1行だけで行っているのは、すごいことです。

最後の行は以前のように関数 imshow() を使って image_array をプロットしています。今回は、手書き文字をよりよく表示するために、cmap = 'Grays' のグレースケールカラーパレットを選択しました。

以下にこのコードの結果を示します。

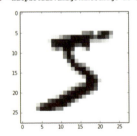

プロットされた画像が 5 であることがわかります。つまりこのデータのラベルは 5 だと予想できます。次のデータの data_list [1] のラベルは 0 ですが、このデータを表示すると次の画像が得られます。

■Part 2 - Pythonでやってみよう

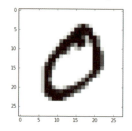

```
In [37]: all_values = data_list[1].split(',')
         image_array = numpy.asfarray(all_values[1:]).reshape((28,28))
         matplotlib.pyplot.imshow(image_array, cmap='Greys', interpolation='None')
Out[37]: <matplotlib.image.AxesImage at 0x108bc3160>
```

手書きの数字が本当に 0 であることを簡単に確認できるでしょう。

2.5.2　MNIST 訓練データの準備

　先ほど MNIST データファイルからデータを取り出し、それを読み込み、理解して、可視化する作業を行いました。このデータでニューラルネットワークを学習したいのですが、このデータをニューラルネットワークに投げ込む前に、このデータを準備することについて少し考える必要があります。

　以前見てきたように、ニューラルネットワークは、入力データおよび出力値が正しい形状であり、それらの値がネットワークのノードに対する関数の望ましい範囲内にあるときに、よりうまく機能します。

　最初に行う必要があるのは、入力のカラー値の範囲 0 から 255 を 0.01 から 1.0 という範囲に変更することです。範囲の下限に 0 ではなく 0.01 を選んでいるのは、以前見たように 0 の場合、重み付けの更新が不可能になるという問題を避けるためです。ただ入力の上限を0.99にする必要はありません。入力値として 1.0 を避ける必要がないからです。1.0 に達することが不可能であることを避けるべきであるのは出力だけです。

　0 から 255の範囲内にある生の入力を 255 で除算すると、0 から 1の範囲になります。次に 0.99 を掛けて 0.0 から 0.99 の範囲にする必要があります。次に 0.01 を加えて 0.01 から 1.00 の範囲にシフトさせます。次の Python のコードはこの処理を行っています。

```
scaled_input = (numpy.asfarray(all_values[1:]) / ⏎
    255.0 * 0.99) + 0.01
print(scaled_input)
```

値が 0.01 から 1.00 の範囲にあることが確認できます。

```
In [19]:  # scale input to range 0.01 to 1.00
          scaled_input = (numpy.asfarray(all_values[1:]) / 255.0 * 0.99) + 0.01
          print(scaled_input)

          [ 0.01        0.01        0.01        0.01        0.01        0.01        0.01
            0.01        0.01        0.01        0.01        0.01        0.01        0.01
            0.01        0.01        0.01        0.01        0.01        0.01        0.01
            0.01        0.01        0.01        0.01        0.01        0.01        0.01
            0.01        0.01        0.01        0.01        0.01        0.01        0.01
            0.01        0.01        0.01        0.01        0.01        0.01        0.01
            0.01        0.01        0.01        0.01        0.01        0.01        0.01
            0.01        0.01        0.01        0.01        0.01        0.01        0.01
            0.01        0.01        0.01        0.01        0.01        0.01        0.01
            0.01        0.01        0.01        0.01        0.01        0.01        0.01
            0.01        0.01        0.01        0.01        0.01        0.01        0.01
            0.01        0.01        0.01        0.01        0.01        0.01        0.01
            0.01        0.01        0.01        0.01        0.01        0.01        0.01
            0.01        0.01        0.01        0.01        0.01        0.01        0.01
            0.01        0.01        0.01        0.01        0.01        0.01        0.01
            0.01        0.208       0.62729412  0.99223529  0.62729412  0.20411765
            0.01        0.01        0.01        0.01        0.01        0.01        0.01
            0.01        0.01        0.01        0.01        0.01        0.01        0.01
            0.01        0.19635294  0.934       0.98835294  0.98835294  0.98835294
            0.93011765  0.01        0.01        0.01        0.01        0.01        0.01
            0.01        0.01        0.01        0.01        0.01        0.01        0.01
            0.01        0.21964706  0.89129412  0.99223529  0.98835294  0.93788235
            0.91458824  0.98835294  0.23129412  0.03329412  0.01        0.01        0.01
```

MNIST データの範囲を調整したので、それを学習と照会の両方のためにニューラルネットワークに投げ入れる準備ができました。

ニューラルネットワークの出力について考える必要があります。出力は、活性化関数が出力できる値の範囲内にある必要があります。使用しているロジスティック関数では、-2.0 や 255 のような数値を出力できません。その範囲は 0.0 から 1.0 です。ただしロジスティック関数は極限として 0.0 や 1.0 になるだけで、実際には 0.0 または 1.0 の値を出力しません。なので学習の際に目標値を拡大する必要があるようです。

しかしここで深い疑問があります。出力はどんなものになるでしょうか？それは答えの画像でしょうか？画像であれば 28×28 = 784 個の出力ノードがあるはずです。

■ Part 2 - Pythonでやってみよう

　一歩戻って、ニューラルネットワークに何を求めているかを考えてください。画像を分類して、その画像に正しいラベルを割り当てることが求めていることです。そのラベルは 0 から 9 までの、10 個の数字のうちの1つです。つまり、可能性のある答え、ラベルの数である 10 個のノードからなる出力層を持てばよいのです。答えが "0" の場合、出力層の第1ノードが発火し、残りは発火しない形にします。答えが "9"の場合は、出力層の最後のノードが発火し、残りは発火しない形にします。次の図は、このスキームを示しており、出力例も示しています。

出力層	ラベル	"5"の場合	"0"の場合	"9"の場合
0	0	0.00	0.95	0.02
1	1	0.00	0.00	0.00
2	2	0.01	0.01	0.01
3	3	0.00	0.01	0.01
4	4	0.01	0.02	0.40
5	5	0.99	0.00	0.01
6	6	0.00	0.00	0.01
7	7	0.00	0.00	0.00
8	8	0.02	0.00	0.01
9	9	0.01	0.02	0.86

　最初の例は、ニューラルネットワークが数字 "5" と認識した部分です。出力層から出てくる最大の信号は、ラベル 5 のノードからのものです。ラベルは 0 から始まるので、これは 6番目のノードであることに注意してください。これで十分です。残りの出力ノードは、0 に非常に近い小さな信号を生成します。誤差を丸めると 0 の出力になるかもしれませんが、実際には活性化関数は 0 を生成しないことを忘れないでください。

次の例は、ニューラルネットワークが手書きの "0" だと認識した場合に起こりうることを示しています。ここでも、最大の出力は、ラベル 0 に対応する第1出力ノードからのものです。

　最後の例は面白いです。ここで、ニューラルネットワークはラベル "9" に対応する最後のノードから最大の出力信号を生成しています。しかし、"4" に対するノードからも適度に大きい出力があります。通常、最大の出力ノードから答えを出しますが、ネットワークは答えが4である可能性もあることを示しているのです。おそらく、手書きなので確信が持てないということでしょう。このような不確実性は、ニューラルネットワークで起こりうることで、悪いことではありません。このような情報は、別の答えがどのくらい正しい可能性があったかを考察する材料になります。

　これは素晴らしいことです。このアイデアをニューラルネットワークの学習時の目標出力に反映させる必要があります。訓練データのラベルが "5" である場合、ラベル "5" に対応する要素が 1 でその他の要素が 0 となる目標出力となる配列（目標配列）を作成する必要があります。これは次のようになります。

　[0, 0, 0, 0, 0, 1, 0, 0, 0, 0]

　実際には、これらの数値をさらに調整する必要があります。なぜなら、以前見てきたように、活性化関数では不可能な 0 や 1 の出力を行うニューラルネットワークを作ろうとすると、大きな重みと飽和したネットワークをもたらすからです。なので、0 や 1 の代わりに 0.01 や 0.99 を用いますので、ラベルが "5" である場合の目標配列は [0.01, 0.01, 0.01, 0.01, 0.01, 0.99, 0.01, 0.01, 0.01, 0.01]となります。

　目標配列を構成する次のPythonのコードを見てください。

```python
# 出力層のノード数は10(例)
onodes = 10
targets = numpy.zeros(onodes) + 0.01
targets[int(all_values[0])] = 0.99
```

コメントを除いて最初の行は、出力ノードの数を 10 に設定しているだけです。これは、例として 10 個のラベルがある場合です。

2行目では numpy.zeros() という便利な numpy の関数を使って、0 で埋められた配列を作成します。必要な引数を得ようとしている配列のサイズです。ここでは最終の出力層のノードの数である onodes となります。また先ほど解説した 0 の問題を修正するために 0.01 を加えます。

次の行は、訓練データのラベルである MNIST データセットの第1列目を取り出し、その文字列を整数に変換します。データはソースファイルから数値ではなく文字列として読み込まれることを忘れないでください。その変換が完了すると、そのラベルを使用して目標配列のラベルに対応する要素を 0.99 に設定します。ラベル "0" は整数の 0 に変換されるので、ラベルの表す数値が配列 targets[] 中の正しいインデックスになります。同様にラベル "9" は整数の 9 に変換されるので targets[9] が実際にその配列の最後の要素です。

この作業の例を以下に示します。

```
In [11]:  # 出力層のノード数は10 (例)
          onodes = 10
          targets = numpy.zeros(onodes) + 0.01
          targets[int(all_values[0])] = 0.99

In [12]:  print(targets)
          [ 0.99  0.01  0.01  0.01  0.01  0.01  0.01  0.01  0.01  0.01]
```

素晴らしいです。学習と照会のための入力と、学習に対する出力 (目標配列) が準備できました。

この処理を含めた形に Python のコードを更新しましょう。これまでに作成してきたコードを次に示します。このコードは次のリンク先からいつでもダウンロード可能ですが、コードの改良はまだ続けます。

https://github.com/makeyourownneuralnetwork/makeyourownneuralnetwork/blob/master/part2_neural_network_mnist_data.ipynb

前に解説した以前のバージョンのコードは、以下の履歴ビューから参照できます。

> https://github.com/makeyourownneuralnetwork/makeyourownneuralnetwork/commits/master/part2_neural_network_mnist_data.ipynb

```python
# 自身のニューラルネットワークを作成する python notebook
# 3層のニューラルネットワークと MNIST データセットの学習のコード
# (c) Tariq Rashid, 2016
# license is GPLv2

import numpy
# scipy.special のインポート。シグモイド関数 expit() 利用のため
import scipy.special
# 配列の描画のライブラリ
import matplotlib.pyplot
# 描画はNotebook内、外部のウィンドウではない
%matplotlib inline

# ニューラルネットワーククラスの定義
class neuralNetwork:
    
    
    # ニューラルネットワークの初期化
    def __init__(self, inputnodes, hiddennodes, outputnodes, learningrate):
        # 入力層、隠れ層、出力層のノード数の設定
        self.inodes = inputnodes
        self.hnodes = hiddennodes
        self.onodes = outputnodes
        
        # リンクの重み行列 wih と who
        # 行列内の重み w_i_j, ノードiから次の層のノードj へのリンクの重み
        # w11 w21
        # w12 w22 等
```

```python
        self.wih = numpy.random.normal(0.0, pow(self.hnodes, 
            -0.5), (self.hnodes, self.inodes))
        self.who = numpy.random.normal(0.0, pow(self.onodes, 
            -0.5), (self.onodes, self.hnodes))
        
        # 学習率の設定
        self.lr = learningrate
        
        # 活性化関数はシグモイド関数
        self.activation_function = lambda x: scipy.special.expit(x)
        
        pass
    
    
    # ニューラルネットワークの学習
    def train(self, inputs_list, targets_list):
        # 入力リストを行列に変換
        inputs = numpy.array(inputs_list, ndmin=2).T
        targets = numpy.array(targets_list, ndmin=2).T
        
        # 隠れ層に入ってくる信号の計算
        hidden_inputs = numpy.dot(self.wih, inputs)
        # 隠れ層で結合された信号を活性化関数により出力
        hidden_outputs = self.activation_function(hidden_inputs)
        
        # 出力層に入ってくる信号の計算
        final_inputs = numpy.dot(self.who, hidden_outputs)
        # 出力層で結合された信号を活性化関数により出力
        final_outputs = self.activation_function(final_inputs)
        
        # 出力層の誤差 = 目標値 - 最終出力
        output_errors = targets - final_outputs
        # 隠れ層の誤差は出力層の誤差をリンクの重みの割合で分配
        hidden_errors = numpy.dot(self.who.T, output_errors)
```

```python
            # 隠れ層と出力層の間のリンクの重みを更新
            self.who += self.lr * numpy.dot((output_errors * final_
                outputs * (1.0 - final_outputs)), numpy.
                transpose(hidden_outputs))
            
            # 入力層と隠れ層の間のリンクの重みを更新
            self.wih += self.lr * numpy.dot((hidden_errors * hidden_
                outputs * (1.0 - hidden_outputs)), numpy.transpose(inputs))
            
            pass
    
    
        # ニューラルネットワークへの照会
        def query(self, inputs_list):
            # 入力リストを行列に変換
            inputs = numpy.array(inputs_list, ndmin=2).T
            
            # 隠れ層に入ってくる信号の計算
            hidden_inputs = numpy.dot(self.wih, inputs)
            # 隠れ層で結合された信号を活性化関数により出力
            hidden_outputs = self.activation_function(hidden_inputs)
            
            # 出力層に入ってくる信号の計算
            final_inputs = numpy.dot(self.who, hidden_outputs)
            # 出力層で結合された信号を活性化関数により出力
            final_outputs = self.activation_function(final_inputs)
            
            return final_outputs

# 入力層、隠れ層、出力層のノード数
input_nodes = 784
hidden_nodes = 100
output_nodes = 10

# 学習率 = 0.3
```

```
learning_rate = 0.3

# ニューラルネットワークのインスタンスの生成
n = neuralNetwork(input_nodes,hidden_nodes,output_nodes, ↲
  learning_rate)

# MNIST 訓練データのCSV ファイルを読み込んでリストにする
training_data_file = open("mnist_dataset/mnist_train_100.csv", 'r')
training_data_list = training_data_file.readlines()
training_data_file.close()

# ニューラルネットワークの学習

# 訓練データの全データに対して実行
for record in training_data_list:
    # データをコンマ ',' でsplit
    all_values = record.split(',')
    # 入力値のスケーリングとシフト
    inputs = (numpy.asfarray(all_values[1:]) / 255.0 * 0.99) + 0.01
    # 目標配列の生成 (ラベルの位置が 0.99 残りは 0.01)
    targets = numpy.zeros(output_nodes) + 0.01
    # all_values[0] はこのデータのラベル
    targets[int(all_values[0])] = 0.99
    n.train(inputs, targets)
    pass
```

　上部にプロット用のライブラリをインポートし、入力層、隠れ層および出力層のサイズを設定するコードを追加し、小さな MNIST 訓練データセットを読み込み、そしてこれらのデータでニューラルネットワークを学習しました。

　なぜ入力ノードの数は784個なのでしょうか？ それは手書き数字の画像を構成するピクセルが 28×28 = 784 だからです。覚えておいてください。

　隠れ層のノード数が100個であるのはそれほど科学的ではありません。784個以上でないのはニューラルネットワークは入力内の特徴やパターンを入力

自体よりも短い形で表すべきであるという考えからです。したがって、入力数よりも小さい値を選択することによって、ネットワークは主要な特徴を要約しようとします。しかしながら、隠れ層のノード数をあまりにも少なくすると、十分な特徴またはパターンを見つけるネットワークの能力を制限してしまい、MNIST データの独自の理解を表現する能力を取り除いてしまいます。タスクのラベルは10種類なので、出力層のノードは10個必要です。隠れ層のノード数を 100 としたのは、その数が 10 から 784 の間というだけです。

ここは重要なポイントです。ある問題のために隠れ層のノード数をいくつにするかを決める完璧な方法はありません。今のところ、最良のアプローチは、解決しようとしている問題に対して、良い構成を見つけるまで実験することです。

2.5.3　ネットワークのテスト

ネットワークが学習できたので、少なくとも100個のデータを持つ小さなサブセットで、学習されたネットワークがうまく手書き数字を認識できるかテストしてみます。テストデータセットに対してこれを行いましょう。

最初にテストデータを取得する必要があります。この部分の Python のコードは訓練データを取得するために使用したコードと非常に似ています。

```
# MNIST テストデータのCSV ファイルを読み込んでリストにする
test_data_file = open("mnist_dataset/mnist_test_10.csv", 'r')
test_data_list = test_data_file.readlines()
test_data_file.close()
```

このテストデータは訓練データと同じ構造を持つので、訓練データのときと同じ方法で取り出せます。

すべてのテストデータを調べるループのコードを作成する前に、1つのテストデータを手動で処理してみましょう。次ページでは学習されたニューラルネットワークを評価するためのテストデータセットの最初のデータを示しています。

```
In [20]: # MNIST テストデータのCSV ファイルを読み込んでリストにする
         test_data_file = open("mnist_dataset/mnist_test_10.csv", 'r')
         test_data_list = test_data_file.readlines()
         test_data_file.close()

In [21]: # テストデータセットの最初のデータを取得
         all_values = test_data_list[0].split(',')
         # ラベルを出力
         print(all_values[0])
         7

In [22]: image_array = numpy.asfarray(all_values[1:]).reshape((28,28))
         matplotlib.pyplot.imshow(image_array, cmap='Greys', interpolation='None')
Out[22]: <matplotlib.image.AxesImage at 0x48132b0>
```

(手書き数字「7」の画像プロット)

```
In [23]: n.query((numpy.asfarray(all_values[1:]) / 255.0 * 0.99) + 0.01)
Out[23]: array([[ 0.07652418],
                [ 0.01745079],
                [ 0.0054554 ],
                [ 0.07442751],
                [ 0.07348178],
                [ 0.01906993],
                [ 0.00938124],
                [ 0.7704694 ],
                [ 0.08000447],
                [ 0.05209131]])
```

　テストデータセットの、最初のデータのラベルは "7" であることがわかります。つまりそのデータを照会したとき、ニューラルネットワークによる答えが 7 であれば正解です。

　画素値を画像としてプロットすることにより、手書きの数字が確かに "7" であることが確認できます。
　学習されたネットワークに照会することにより、番号のリスト、各出力ノードからの出力値が生成されます。1つの出力値が他のものよりもはるかに大きく、それがラベル "7" に対応する出力値であることがすぐにわかります。つまり 8 番目の要素です。最初の要素はラベル "0" に対応するためです。

　できました！
　喜んでください！ 本書を通して学んだことが実を結びました。

　ニューラルネットワークが学習を行い、その画像によって表される数字が何であるかを推定しました。テストで使った画像はニューラルネットワークは見

たことがないことに注意してください。つまりその画像は訓練データの一部ではありません。したがって、ニューラルネットワークは以前には見たことのない手書き数字を正しく分類することができたのです。見たことのない手書き数字というのは、当然、大規模なものです。

人間の手書きの数字を認識することを学習する、それは多くの人が人工知能として考えていることです。それをほんの数行のシンプルなPythonのコードを使って、ニューラルネットワークとして実現しました。

これは完全な訓練データの一部だけを使って学習した結果である点がさらに注目すべき点です。完全な訓練データには60,000個のデータがあり、ここではその中の100個のデータしか使っていないのです。これはかなりうまく学習できたと思います。

データセットの残りの部分に対してニューラルネットワークがどれくらいうまく処理するか確認するためのコードを作成し、そのスコアも記録しておきましょう。そうすれば、後で学習を改善する何かアイデアがあってもそれを評価できるし、他の人が作ったシステムとも比較することができます。

そのコードを以下に示します。これを解説するのが最も簡単です。

```
# ニューラルネットワークのテスト

# scorecard は判定のリスト、最初は空
scorecard = []

# テストデータの全てのデータに対して実行
for record in test_data_list:
    # データをコンマ ',' でsplit
    all_values = record.split(',')
    # 正解は配列の1番目
    correct_label = int(all_values[0])
    print(correct_label, "correct label")
    # 入力値のスケーリングとシフト
```

```
        inputs = (numpy.asfarray(all_values[1:]) / 255.0 * 0.99) + 0.01
        # ネットワークへの照会
        outputs = n.query(inputs)
        # 最大値のインデックスがラベルに対応
        label = numpy.argmax(outputs)
        print(label, "network's answer")
        # 正解(1), 間違い(0) をリストに追加
        if (label == correct_label):
            # 正解なら1 を追加
            scorecard.append(1)
        else:
            # 間違いなら0 を追加
            scorecard.append(0)
            pass

        pass
```

　すべてのテストデータを処理するループに入る前に、空のリスト scorecard を作成します。このリストは各データの処理の後に更新する得点表です。

　ループの中では、以前行ったことをやっていることがわかります。つまりコンマで区切りのテキストデータを値を分割し、最初の値を正しい答えとして書き留め、残りの値はニューラルネットワークに照会するのに適するように大きさを調整します。そしてニューラルネットワークからの応答を変数 outputs に保持します。

　次が面白い部分です。最大の値を持つ出力ノードが、ネットワークが答えとしたものです。そのノードのインデックス、つまりその位置は、ラベルに対応します。例えば、最初の要素はラベル "0" に対応し、5番目の要素はラベル "4" に対応します。うまいことに、配列の中で最大の値を見つけ、その位置を返す便利な numpy 関数があります。それが numpy.argmax() です。この関数についてはオンラインの文書が次のURLにあります。

```
http://docs.scipy.org/doc/numpy-1.10.1/reference/generated/
    numpy.argmax.html
```

その関数はネットワークによる答えがラベルの 0（数字の 0）なら 0 を返します。その他の答えの場合も同様です。

コードの最後の部分は、予測されたラベルと既知の正しいラベルとを比較します。合っていた場合は、scorecard に 1 が追加され、そうでない場合は、0 が追加されます。

予測されたラベルと正しいラベルを確認するには、print() コマンドを入れればよいです。以下はこのコードの結果と scorecard の印刷結果です。

```
7 correct label
7 network's answer
2 correct label
0 network's answer
1 correct label
1 network's answer
0 correct label
0 network's answer
4 correct label
4 network's answer
1 correct label
1 network's answer
4 correct label
4 network's answer
9 correct label
4 network's answer
5 correct label
4 network's answer
9 correct label
7 network's answer
```

```
In [49]: print(scorecard)

[1, 0, 1, 1, 1, 1, 1, 0, 0, 0]
```

今回はそれほど素晴らしい結果ではありませんでした。かなりの間違いがあることがわかります。最終的な得点表では、10個のテストデータのうち、ネットワークは6個の正しい答えを出しています。精度は60%です。利用した訓練データが小さいことを考えれば、それほど悪い結果ではありません。

その精度を端数として表示するコードを書いて終わりにしましょう。

```
# 評価値(正解の割合)の計算
scorecard_array = numpy.asarray(scorecard)
print ("performance = ", scorecard_array.sum() / ↲
    scorecard_array.size)
```

これは正解の割合を計算するための簡単な計算式です。これは、scorecard 中の "1" 要素の数を、scorecard のサイズであるエントリの総数で割ったものです。これで何が印刷されるのかを見てみましょう。

```
In [38]: print(scorecard)
         [1, 0, 1, 1, 1, 1, 1, 0, 0, 0]

In [39]: # 評価値 (正解の割合) の計算
         scorecard_array = numpy.asarray(scorecard)
         print ("performance = ", scorecard_array.sum() / scorecard_array.size)
         performance =  0.6
```

期待どおりの 0.6 つまり 60% の精度を表示しています。

2.5.4　完全データセットによる学習とテスト

今開発したこの新しいコードをすべてメインプログラムに追加し、ネットワークの能力をテストしましょう。

ここでは、ファイル名を変更して、60,000個の完全な訓練データと10,000個のテストデータを指し示すようにします。以前、これらのファイルを mnist_dataset / mnist_train.csv および mnist_dataset / mnist_test.csv として保存しました。今度は本物でやります。

PythonのNotebookは以下から入手できます。

```
https://github.com/makeyourownneuralnetwork/makeyourownneural
        network/blob/master/part2_neural_network_mnist_data.
        ipynb
```

コードの履歴は以下の GitHub からも入手できます。そこで開発済みのコードを見ることもできます。

```
https://github.com/makeyourownneuralnetwork/makeyourownneural
        network/commits/master/part2_neural_network_mnist_
        data.ipynb
```

シンプルな3層のニューラルネットワークを 60,000個の訓練データすべてを使って学習し、それを10,000個のテストデータで評価した結果、全体の精度は 0.9473 になりました。これは非常に良いです。ほぼ 95% の精度です。

```
In [46]:  # 評価値（正解の割合）の計算
          scorecard_array = numpy.asarray(scorecard)
          print ("performance = ", scorecard_array.sum() / scorecard_array.size)

          performance =  0.9473
```

この 95% の精度を http://yann.lecun.com/exdb/mnist/ に記録された業界の評価基準値とを比較することには価値があります。まず歴史的な評価基準値より優れていることがわかります。また単純なニューラルネットワークによるアプローチは95.3%の精度ですが、ここでの精度はそれとほぼ同じです。

それほど悪い結果ではないでしょう。初めての簡単なニューラルネットワークで、プロのニューラルネットワーク研究者が達成したようなパフォーマンスを得たことは喜ばしいことです。

ところで、入力層のノード数が784個、隠れ層のノード数が100個であるネットワークの順方向の計算、および誤差逆伝播と重み更新を行う計算を60,000個の訓練データに対して行う必要がありますが、それを行っているのが近頃の単なる家庭用コンピュータであるのは驚くべきことです。新しめのラップトップコンピュータでは学習は約2分で済みました。計算にかかる時間はこの程度です。

2.5.5　いくつかの改善点：学習率の微調整

シンプルなアイデアとシンプルな Python コードによるここでのニューラルネットワークを使った MNIST データセットでの95%の精度はそれほど悪いものではありません。ここで止めても問題はありません。

しかし簡単に改善できるかどうかを見てみましょう。

最初に試みる改善は学習率の調整です。ここでは 0.3 としました。他の値で実験はしていません。

学習率が実際にネットワーク全体の学習に役立つかのか、あるいは有害なのかを確認するために、倍の 0.6 にしてみましょう。このコードを実行すると、精度は **0.9047** になります。これは以前よりも悪い結果です。なので、より大きな学習率では、解の周りを跳ね返り、勾配降下中に解を飛び越えているように見えます。

0.1 の学習率でもう一度試してみましょう。今回の精度は **0.9523** と改善されました。これはウェブサイトに掲載されている隠れ層のノード数が 1,000 個のネットワークの性能と似ています。かなりよくなったようです。

さらに学習率を小さくして 0.01 に設定するとどうなるでしょうか？精度は **0.9241** となり、あまり良くありません。学習率が小さすぎて、悪影響を与えているようです。これは、勾配降下が発生する速度を抑えており、更新の幅を小さくし過ぎてしまっていると考えられます。

次ページにあるのはこれらの結果のグラフです。これは科学的な結果ではありません。科学的に示すには、ランダム性の影響やおかしな推移の勾配降下の影響を減らすために何度も実験する必要があります。しかし学習率に改善のポイントがあることは確認できます。

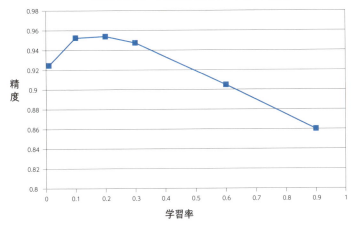

　グラフは 0.1 と 0.3 の学習率の間にもっとよい学習率があるかもしれないことを示唆しているので、0.2 を試してみましょう。精度は **0.9537** でした。これは 0.1 による精度と 0.3 による精度のどちらよりも少し優れています。何が起こっているかを知るためにグラフを描くという方法は、他のシナリオでもやってみる価値があります。グラフは単なる数のリストよりも、それを理解するのに役立ちます。

　ここでは学習率は 0.2 とします。これは MNISTデータセットに対するここでのニューラルネットワークの最適値だと思われます。

　ところで、ここでのコードを実際に実行すると、プロセス全体が少しランダムになっているため、正解率は少し異なるかもしれません。最初のランダムな重みはここでの実験のものと、新たに行う実験では同じではないので、勾配降下が同じルートをたどることがないからです。

2.5.6 いくつかの改善点：複数の実行

次に行うべき改善は、データセットに対する学習を何回か繰り返すことです。「各紀元（エポック）を通じて学習する」という言い方をする人もいます。つまり 10 エポックの学習は、トレーニングデータの学習を10回繰り返すことを意味します。なぜそんなことをするのでしょうか？ 特に1回の計算時間が10分、20分または30分なら、そのようなことをすれば、大変な時間がかかります。しかし、それを行う価値はあります。なぜなら誤差関数を小さくするためのより多くの機会を提供することになるので、重みが適切な値に近づくのに役立つからです。

2 エポックで試してみましょう。学習のコードの周りに追加のループを入れてコードを少し変更します。以下では、何を変更したがわかるように、外側のループを色付けしています。

```python
# ニューラルネットワークの学習

# epochs: 訓練データが学習で使われた回数
epochs = 2

for e in range(epochs):
    # 訓練データの全データに対して実行
    for record in training_data_list:
        # データをコンマ ',' でsplit
        all_values = record.split(',')
        # 入力値のスケーリングとシフト
        inputs = (numpy.asfarray(all_values[1:]) / 255.0 *
            0.99) + 0.01
        # 教師配列の生成（ラベルの位置が 0.99 残りは 0.01）
        targets = numpy.zeros(output_nodes) + 0.01
        # all_values[0] はこのデータのラベル
        targets[int(all_values[0])] = 0.99
        n.train(inputs, targets)
        pass
    pass
```

2エポックでの精度は **0.9579** になりました。わずかですが1エポックに比べて改善されています。

学習率を微調整したときと同じように、いくつかの異なるエポックを試し、グラフ化してその効果を確認しましょう。直感的には、より多くの学習を行うほど、精度は向上しそうです。ただ多すぎる学習は、実際には悪いことが知られています。これは過学習が起こるからです。過学習が起こると、それまで見たことのない新しいデータに対して悪い結果を出すからです。この過学習については、ニューラルネットワークだけでなく、さまざまな機械学習でも注意が必要です。

ここでの実験結果はどうなったでしょうか？

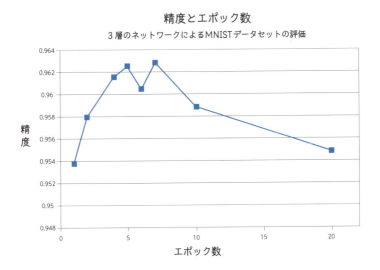

結果は予想したものとは異なりました。5または7エポックの辺りに最適値があることがわかります。その後、精度が低下しています。おそらく過学習の影響の可能性があります。6エポック時のくぼみは、おそらくネットワークが勾配降下中の悪い最小値に落ちた結果です。実際には、上記の結果はもっと大きな変動が予想されます。なぜなら本質的にランダムな処理からの変動の影響を減らすために、各データについて多くの実験を行っていないからです。この点を示すために、あえて6エポックでの奇妙な点を残したままにしています。

ニューラルネットワークの学習にはランダム性があり、うまく機能せず、ひどい結果を出すこともあることを覚えておくべきです。

別の見方をすれば、大きなエポック数では学習率が高すぎるということです。この実験をもう一度試してみましょう。ただし学習率は 0.2 を 0.1 にします。何が起こるかを見てみましょう。

最高の精度は 7 エポックで **0.9628** つまり 96.28% になりました。

次のグラフは、以前の結果に、学習率が 0.1 での実験結果を加えたものです。

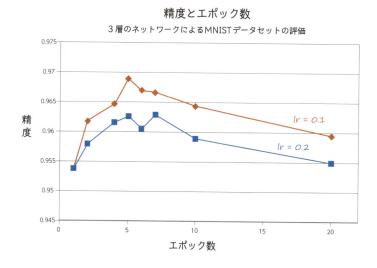

学習率を落ち着かせると、より多くのエポックでより良い精度が得られることがわかります。**0.9689** の最高値は約 3% の誤り率です。この値は Yann LeCun のウェブサイト (http://yann.lecun.com/exdb/mnist/) のネットワークの評価基準値に匹敵します。

直感的に言えば、勾配降下をより長い期間（より多くのエポック）で探索する場合、より短い幅（学習率）を取れれば、全体的により良い経路を見つけることができるということです。5 エポックが MNIST データセットに対するここでのニューラルネットワークの最適値であると思われます。ここではかなり

非科学的な方法でこれを求めたことを再度注意しておきます。これを正しく行うには、勾配降下に内在するランダム性の影響を最小限に抑えるために、学習率とエポックの各組み合わせに対して、この実験を何回も行う必要があります。

2.5.7　ネットワーク形状の変更

　まだ試していない改善案が1つあります。ニューラルネットワークの形を変えることです。中間の隠れ層のノード数を変更してみましょう。ここではずっと 100 に固定したままでした。

　色々な隠れ層のノード数を使って実験する前に、そうした場合に何が起こるかを考えてみましょう。隠れ層は、学習が行われる層です。入力層のノードは単に入力信号を取り込むだけであり、出力層のノードは単にネットワークの答えを出力するだけであることに注意してください。入力を答えに変えるのは隠れ層です。そこが学習の行われている場所です。実際、学習の対象は、隠れ層のノードの前後にあるリンクの重みです。わかりますか？

　隠れ層のノード数が少なすぎる、例えば 3 とすれば、ネットワークが学習したもの、つまりすべての入力を正しい答えに変えるものを記憶する十分なスペースがないことが想像できます。それは10人を運ぶのを5席の車に求めるようなものです。それは無理です。コンピュータ科学者はこの種の限界を学習能力と呼びます。学習能力についてはこれ以上の説明はしませんが、車両やネットワークの形状を変更して容量を増やすことができることを覚えておいてください。

　もし隠れ層のノード数が 10,000 だとどうなるでしょうか？学習能力が不足しているわけではありませんが、ネットワークを学習するのが難しくなるかもしれません。なぜなら、今どこに学習が必要かという選択肢が多すぎるからです。そのようなネットワークを学習するのは数万エポックが必要かもしれません。

　いくつかの実験を行い、何が起こるかを見てみましょう。

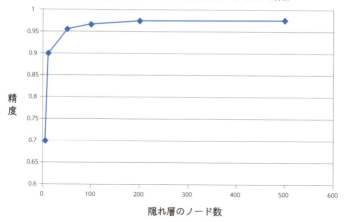

　隠れ層のノード数が少ない場合、実験結果からノード数が高い場合ほどは良くないことがわかります。予想したとおりでした。しかし、ノード数 5 の精度は **0.7001** でした。このような隠れ層のノード数が少ないネットワークでも約70% の精度を出せるのは、かなり驚くべきことです。これまでは隠れ層のノード数は 100 で実験してきたことを覚えておいてください。ノード数がちょうど 10 では **0.8998** の精度です。これは再びかなり驚くべきことです。このノード数はこれまでに使ってきたノード数の 1/10 ですが、ネットワークの精度はほぼ 90% に達します。

　この点は評価する価値があります。ニューラルネットワークは、非常に少ない隠れ層のノード数、つまり学習する場所でも、良い結果を得ることができます。これがニューラルネットワークの能力の証です。

　隠れ層のノード数を増やすと、結果は改善されますが、大幅に改善されることはありません。ネットワークを学習するのにかかる時間も大幅に増加します。隠れ層のノードが追加されると、前後の層の、すべてのノードに新しいリンクも追加され、それらの重みの学習に多くの計算時間が必要になるからです。そのため、実行可能な時間から考えて、隠れ層のノード数を設定する必要があります。近年の高性能な家庭用コンピュータでは 200 ノードくらいでもよいでしょう。

隠れ層のノード数を 200 にして、精度 **0.9751** という新しい記録を得ました。さらにノード数 500 で長い時間計算し、精度 **0.9762** を得ました。これはLeCun のウェブサイト (http://yann.lecun.com/exdb/mnist/) に掲載されている評価基準値と比較しても優れています。

グラフをもう一度見てみると、ネットワークの形状を変えることで、以前の頑強な約95%の精度の限界を超えたことがわかります。

2.5.8 よくできました！

ここまでの作業を振り返りましょう。ここでは以前に説明したシンプルな概念と単純な Python コードを使用して、ニューラルネットワークを作成しました。

そしてそのニューラルネットワークは、追加の手の込んだ数学的魔法を利用しなくてもうまく動きました。またその性能は学者や研究者が作るネットワークに比べても遜色ありませんでした。

本書のPart 3にはもっと楽しいことがありますが、それらのアイデアを探っていかなくても、すでに作成したニューラルネットワークをさらに試してみることに躊躇しないでください。隠れ層のノード数を変えたり、異なるスケーリングや異なる活性化関数を試して、何が起こるかを見てください。

2.5.9 最終コード

github 上のコードにアクセスできない方のために、もしくは単純に参照としていただくために、以下に最終コードを示します。

```
# 自身のニューラルネットワークを作成する python notebook
# 3層のニューラルネットワークと MNIST データセットの学習のコードataset
# (c) Tariq Rashid, 2016
# license is GPLv2
```

```python
import numpy
# scipy.special のインポート。シグモイド関数 expit() 利用のため
import scipy.special
# 配列の描画のライブラリ
import matplotlib.pyplot
# 描画はNotebook内、外部のウィンドウではない
%matplotlib inline


# ニューラルネットワーククラスの定義
class neuralNetwork:
    
    
    # ニューラルネットワークの初期化
    def __init__(self, inputnodes, hiddennodes,
        outputnodes, learningrate):
        # 入力層、隠れ層、出力層のノード数の設定
        self.inodes = inputnodes
        self.hnodes = hiddennodes
        self.onodes = outputnodes
        
        # リンクの重み行列 wih と who
        # 行列内の重み w_i_j, ノードiから次の層のノードj へのリンクの重み
        # w11 w21
        # w12 w22 等
        self.wih = numpy.random.normal(0.0, pow(self.
          hnodes, -0.5), (self.hnodes, self.inodes))
        self.who = numpy.random.normal(0.0, pow(self.onodes,
          -0.5), (self.onodes, self.hnodes))
        
        # 学習率の設定
        self.lr = learningrate
        
        # 活性化関数はシグモイド関数
        self.activation_function = lambda x: scipy.special.expit(x)
```

```python
        pass
    
    
    #ニューラルネットワークの学習
    def train(self, inputs_list, targets_list):
        # 入力リストを行列に変換
        inputs = numpy.array(inputs_list, ndmin=2).T
        targets = numpy.array(targets_list, ndmin=2).T
        
        # 隠れ層に入ってくる信号の計算
        hidden_inputs = numpy.dot(self.wih, inputs)
        # 隠れ層で結合された信号を活性化関数により出力
        hidden_outputs = self.activation_function(hidden_inputs)
        
        # 出力層に入ってくる信号の計算
        final_inputs = numpy.dot(self.who, hidden_outputs)
        # 出力層で結合された信号を活性化関数により出力
        final_outputs = self.activation_function(final_
          inputs)
        
        # 出力層の誤差 = 目標値 - 最終出力
        output_errors = targets - final_outputs
        # 隠れ層の誤差は出力層の誤差をリンクの重みの割合で分配
        hidden_errors = numpy.dot(self.who.T, 
          output_errors)
        
        # 隠れ層と出力層の間のリンクの重みを更新
        self.who += self.lr * numpy.dot((output_
          errors * final_outputs * (1.0 - final_outputs)), 
          numpy.transpose(hidden_outputs))
        
        # 入力層と隠れ層の間のリンクの重みを更新
        self.wih += self.lr * numpy.dot((hidden_errors
          * hidden_outputs * (1.0 - hidden_outputs)), 
          numpy.transpose(inputs))
```

```python
        pass
    
    
    #ニューラルネットワークへの照会
    def query(self, inputs_list):
        # 入力リストを行列に変換
        inputs = numpy.array(inputs_list, ndmin=2).T
        
        # 隠れ層に入ってくる信号の計算
        hidden_inputs = numpy.dot(self.wih, inputs)
        # 隠れ層で結合された信号を活性化関数により出力
        hidden_outputs = self.activation_function(hidden_inputs)
        
        # 出力層に入ってくる信号の計算
        final_inputs = numpy.dot(self.who, hidden_outputs)
        # 出力層で結合された信号を活性化関数により出力
        final_outputs = self.activation_function(final_inputs)
        
        return final_outputs


# 入力層、隠れ層、出力層のノード数
input_nodes = 784
hidden_nodes = 200
output_nodes = 10

# 学習率 = 0.1
learning_rate = 0.1


# ニューラルネットワークのインスタンスの生成
n = neuralNetwork(input_nodes,hidden_nodes,output_nodes,
    learning_rate)
```

```
# MNIST 訓練データのCSV ファイルを読み込んでリストにする
training_data_file = open("mnist_dataset/mnist_train.csv", 'r')
training_data_list = training_data_file.readlines()
training_data_file.close()


#ニューラルネットワークの学習

# epochs: 訓練データが学習で使われた回数
epochs = 5

for e in range(epochs):
    # 訓練データの全データに対して実行
    for record in training_data_list:
        # データをコンマ ',' でsplit
        all_values = record.split(',')
        # 入力値のスケーリングとシフト
        inputs = (numpy.asfarray(all_values[1:]) / 255.0 *
          0.99) + 0.01
        # 目標配列の生成 (ラベルの位置が 0.99 残りは 0.01)
        targets = numpy.zeros(output_nodes) + 0.01
        # all_values[0] はこのデータのラベル
        targets[int(all_values[0])] = 0.99
        n.train(inputs, targets)
        pass
    pass


# MNIST テストデータのCSV ファイルを読み込んでリストにする
test_data_file = open("mnist_dataset/mnist_test.csv", 'r')
test_data_list = test_data_file.readlines()
test_data_file.close()
```

```python
# ニューラルネットワークのテスト

# scorecard は判定のリスト、最初は空
scorecard = []

# テストデータの全てのデータに対して実行
for record in test_data_list:
    # データをコンマ ',' でsplit
    all_values = record.split(',')
    # 正解は配列の1番目
    correct_label = int(all_values[0])
    # 入力値のスケーリングとシフト
    inputs = (numpy.asfarray(all_values[1:]) / 255.0 * 0.99) + 0.01
    # ネットワークへの照会
    outputs = n.query(inputs)
    # 最大値のインデックスがラベルに対応
    label = numpy.argmax(outputs)
    # 正解(1), 間違い(0) をリストに追加
    if (label == correct_label):
        # 正解なら1 を追加
        scorecard.append(1)
    else:
        # 間違いなら0 を追加
        scorecard.append(0)
        pass
    
    pass


# 評価値(正解の割合)の計算
scorecard_array = numpy.asarray(scorecard)
print ("performance = ", scorecard_array.sum() / scorecard_array.size)
```

Part 3

もっと楽しく

"遊ばなければ、学べない"

■ Part 3 - もっと楽しく

3.1 自身の手書き文字

　本書のPart 3ではさらなるアイデアを探っていきます。こういった探索は楽しいものです。ただ、ここでの話はニューラルネットワークの基礎ではないので、話のすべてを理解しなければならないとは思わないでください。

　Part 3は単なる追加の楽しい話です。ペースは少し速くなりますが、平易な言葉で楽しいアイデアを紹介していきます。

　本書を通して MNISTデータセットの手書き数字の画像を使用してきました。今度は自身の手書き文字を認識してみましょう。

　この実験では自身の手書き文字のテストデータを作成して利用します。作成したニューラルネットワークがいかにうまく処理するかを確認するために、さまざまなスタイルの筆記やノイズのある画像を試してみます。

　お好みの画像編集ソフトや絵画ソフトウェアを使って画像を作成してください。高価な Photoshop を使用する必要はありません。GIMP [*1)] は Windows、Mac、そして Linux で利用できる無料のオープンソースの画像編集・加工ソフトウェアです。Photoshop の代わりに使えます。まず紙の上にペンで文字を書いて、それをスマートフォンやカメラで撮影して手書き文字を電子化してもよいです。もちろん適当なスキャナを使用する方法も可能です。唯一の要件は、画像を正方形（幅と長さが同じです）にして、PNG 形式で保存することです。[名前を付けて保存] または ［書き出し］ を選ぶと、保存形式のオプション指定ができることが多いです。

*1) http://www.gimp.org/

以下は私が作った画像です。この画像は https://github.com/makeyourownneuralnetwork/makeyourownneuralnetwork/tree/master/my_own_imagesから入手できます。

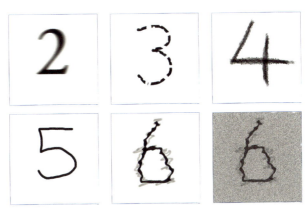

数字の 5 は私の手書き文字です。数字の 4 はマーカーではなくチョークを利用して書きました。数字の 3 も私の手書き文字ですが、故意に細かい刻みを入れました。数字の 2 は非常に伝統的な新聞や本の書体ですが、少しぼやけています。数字の 6 は意図的に揺れ動く不安定な画像で、水面に映っているようです。最後の画像は前の画像と同じですが、ニューラルネットワークがさらに困難な認識ができるかどうかを確認するためにノイズが追加されています。

この実験は面白そうですが、ここには重要なポイントがあります。画像が何か損傷を受けていたとしても、人間はそれを驚くほどよく認識できます。このような脳の能力に科学者たちは驚愕します。このことからニューラルネットワークは、学習した内容をリンクの重みに分散することで、入力画像が破損しているか不完全なものであっても、かなりうまく認識できると思われます。これはニューラルネットワークが持つ強力な能力です。上記の画像の数字 3 で細かい刻みを入れたのは、この点の確認のためです。

MNIST データとフォーマットを一致させるために、28×28 ピクセルにリサイズされた PNG 画像を作成する必要があります。これは画像編集ソフトを利用すればできます。

Python のライブラリは、PNG 形式をはじめとするさまざまな画像ファイ

■ Part 3 - もっと楽しく

ル形式のデータを読み込んで別形式に変換することができます。以下の簡単な
コードを見てください。

```python
import scipy.misc
img_array = scipy.misc.imread(image_file_name, flatten=True)

img_data  = 255.0 - img_array.reshape(784)
img_data = (img_data / 255.0 * 0.99) + 0.01
```

　関数 scipy.misc.imread() は、PNG や JPG 形式の画像ファイルからデー
タを取り出すのに役立つ関数です。使用するには scipy.misc ライブラリをイ
ンポートする必要があります。パラメータ "flatten = True" は、画像を浮動
小数点数の単純な配列に変換します。画像がカラーである場合はグレイスケー
ルに変換されます。ここで扱う画像はグレイスケールでないといけないので、
このオプションは必要です。

　次の行は 28 x 28 の正方形の配列を、ニューラルネットワークの入力形
式である値のリストに再構成します。この処理は以前に何度も出てきたも
のです。ただし、新しく出てきた処理として 255.0 から配列の値を引く処
理が入っています。0 は黒を意味し、255 は白を意味するのが普通ですが、
MNIST データセットはこれを逆にしているため、MNIST データの内容と一
致するように値を反転する必要があります。

　最後の行はデータ値のよく知られたスケーリングです。0.01 から 1.0 の範
囲にします。

　PNG ファイルを読み込むサンプルコードは以下からダウンロード可能です。

https://github.com/makeyourownneuralnetwork/makeyourownneural
　　　network/blob/master/part3_load_own_images.ipynb

> 訳注）上記のコードではIPythonのNotebookのフォルダにmy_own_imagesフォ
> ルダを作り 2828_my_own_ ではじまるpng画像ファイル名を配置してい
> ます。NotebookはWindowsの場合 個人用フォルダ（C:¥Users¥ログイン
> ユーザ名）に保存されています。

MNIST 訓練データで学習するニューラルネットワークのプログラムを少し変更する必要があります。なぜなら MNIST テストデータでテストするのではなく、自身の画像から作成されたデータに対してテストするからです。

修正された新しいプログラムは以下から得られます。

https://github.com/makeyourownneuralnetwork/makeyourownneuralnetwork/blob/master/part3_neural_network_mnist_and_own_data.ipynb

動くでしょうか？ もちろん、動きます。以下は先の画像をこのネットワークに照会した結果をまとめたものです。

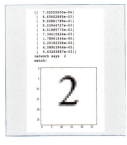
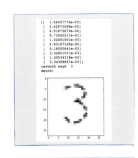
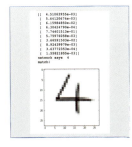
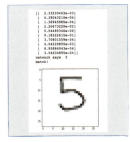
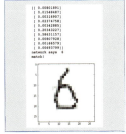
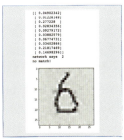

ニューラルネットワークは意図的に損傷した "3" を含め、作成したすべての画像を正しく認識していることがわかります。ただノイズが追加された "6" だけは失敗しました。

このニューラルネットワークが実際に動作することを自分自身に対して証明するために、自身の画像、特に手書き数字で試してみてください。

また損傷した画像や変形した画像でもうまく認識できることも確認してみてください。ニューラルネットワークの柔軟性に感心することでしょう。

■ Part 3 - もっと楽しく

3.2 ニューラルネットワークの心の中

　ニューラルネットワークは、単純できちんとした規則では解けないような問題に有効です。手書き数字を認識するための規則を書くことを想像してみてください。それは簡単ではないはずです。また書けたとしても、そのような規則はあまりうまくは働かないでしょう。

3.2.1　神秘的なブラックボックス

　テストデータに対して十分に機能するニューラルネットワークが学習されれば、それは神秘的なブラックボックスのようなものです。どのようにして答えを出すのかはわかりません。

　答えだけが欲しくて、実際にどのようにしてその答えに到着しているかについては気にしないのなら、ニューラルネットワークがブラックボックスであっても問題はありません。しかしこの種の機械学習の欠点は、その問題を解決するために得た知識や知恵が、何であるかが分からないことです。

　ニューラルネットワークが何を学習したのかを理解するために簡単なニューラルネットワークの中を覗いてみます。そのために学習を通して得た知識を視覚化します。

　結局のところ、ニューラルネットワークが学習するのは重みです。その重みは確認できます。しかしそれは役に立たないでしょう。ニューラルネットワークが動作するのは、学習したものをリンクの重みとして分散させるからです。これは生物学上の脳のように、損傷に対して柔軟性があるという利点があります。1つのノードあるいはかなりの数のノードを取り除いたとしても、ニューラルネットワークの機能が完全に損なわれることはほとんどありません。

ここに常識を逸したようなアイデアがあります。

3.2.2　逆向きの照会

通常、学習されたニューラルネットワークには質問が送られ、ネットワークは答えを返します。これまでの例では、その質問は人間の手書き数字の画像です。そして答えは、0 から 9 までの数字を表すラベルです。

もしこれを反転させたらどうなるでしょうか？ つまり出力ノードにラベルを与え、入力ノードから画像が出てくるまで、学習済みのネットワークに対して逆向きに信号を送るのです。次の図は、通常の順方向の照会と、この常識を逸した**逆向きの照会**のアイデアを示しています。

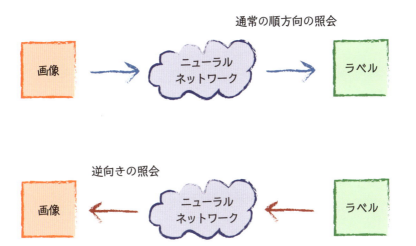

順方向の照会の処理は分かっています。ネットワークを介して信号を伝播し、リンクの重みでそれらを調整して、それらを結合してから活性化関数を適用します。これらの処理はすべて逆方向に流れる信号に対しても実行できます。ただし活性化関数は少し注意が必要です。**y = f(x)** が順方向の活性化関数であれば、その逆関数は **x = g(y)** です。関数 **f** がシグモイド関数の場合、次ページのような簡単な変形により、逆関数 **g** が求まります。

$$y = 1 / (1 + e^{-x})$$
$$1 + e^{-x} = 1/y$$
$$e^{-x} = (1/y) - 1 = (1 - y) / y$$
$$-x = \ln[(1-y)/y]$$
$$x = \ln[y/(1-y)]$$

これは **logit 関数**と呼ばれ、シグモイド関数 **scipy.special.expit()** と同様に Python の scipy.special ライブラリにより **scipy.special.logit()** として提供されています。

逆活性化関数 logit() を適用する前に、信号が有効であることを確認する必要があります。これはどういう意味でしょうか？ シグモイド関数は任意の値を受け取り、0 と 1 の間の値を出力します。ただし 0 と 1 は含みません。つまり逆関数は 0 と 1 を除いた 0 と 1 の間の範囲が取り得る値であり、正の数でも負の数でも何らかの値を出力する必要があります。これを実現するには、単に logit() を適用する層のすべての値を取得し、有効な範囲にスケーリングすればよいです。範囲は 0.01 から 0.99 にしてください。

このコードは次のリンク先から入手できます。

```
https://github.com/makeyourownneuralnetwork/makeyourownneural
    network/blob/master/part3_neural_network_mnist_
    backquery.ipynb
```

3.2.3　ラベル "0"

ラベル "0" に対して逆向きの照会を行うとどうなるかを見てみましょう。つまり、ラベル "0" に対応する第1番目の出力ノードの値は 0.99、他のすべての出力ノードの値は 0.01 にします。つまり配列 **[0.99,0.01,0.01,0.01,0.01,0.01,0.01,0.01,0.01,0.01]** が出力層への入力になります。

以下がこの入力層から出力された画像です。

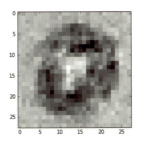

面白いです。

この画像はニューラルネットワークの心の中を表していると言えます。ただし、これをどのように解釈すればよいのでしょうか？

まず気がつくこととして、画像が何か丸い形をしていることです。これは理にかなっています。なぜならこの場合のニューラルネットワークへの照会がラベルの "0" だからです。数字の 0 は丸い形です。

次に気がつくことは、黒い部分、白い部分、そして中程度の灰色の部分があることです。

- **黒い**部分は手書き数字の一部です。その数字がペンで書かれている場合は、答えが "0" であることを裏付ける証拠と言えそうです。なぜならこの黒い部分は数字の 0 の輪郭を形成しているように見えるからです。
- **白い**部分は、字ではない部分です。これも 画像が数字の "0" であることを支持しているようです。なぜなら白い部分は数字 0 の形状の中を形成しているように見えるからです。
- **灰色**の部分はニューラルネットワークが無関心である部分です。

以上より、大まかな意味で、ニューラルネットワークがラベル "0" をもつ画像を分類する知識を学習できていたことがわかります。

ただしここでの結果はたまたまうまくいったものであることを注記しておきます。より多くの層を持つより複雑なネットワーク、あるいはもっと複雑な問題に対して、この例のように容易に解釈可能な結果が出ることは稀です。

■ Part 3 - もっと楽しく

3.2.4　さらに多くの脳スキャン

残りの数字に対して逆向きの照会を行った結果を以下に示します。

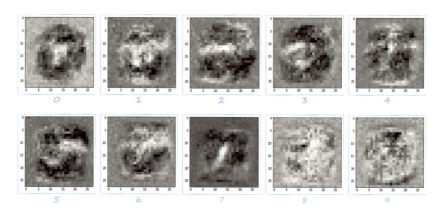

おー！　再度、非常に興味深い画像が得られました。これらはニューラルネットワークの脳を超音波スキャンした画像のようです。

これらの画像に関して、いくつかメモを残しておきます。

● "7" は比較的はっきりしています。ラベル "7" を強く示唆する黒い部分である文字の線が見えます。また文字の線をくっきりさせる白い部分も確認できます。この2つの特徴は文字 "7" を支持しています。

● "3" にも同じことが当てはまります。暗い部分の文字の線が "3" を示しており、それをはっきりさせる白い部分もあります。

● "2" と "5" も同様に比較的はっきりしています。

● "4" は興味深いです。1/4円を持つような形が見え、それらを除外する白い部分もあります。

● "8" は白い部分が「雪だるま」の形です。文字の 8 が作る「頭部と身体」の部分をはっきりさせています。

● "1" については困惑してしまいます。文字の線が必要な部分よりも、本来白い部分であるところに現れているように見えます。ただし気にしないでよいです。これもネットワークが訓練データから学んだものです。

● "9" は全く明確ではありません。黒い部分と白い部分がばらばらに混ざっているようです。明確な暗い領域と白い領域に対するいくつかの細かい形を持っています。ただし、これもネットワークが学んだものです。残りの数字について学習したものと組み合わされると、97.5% の精度を持つネットワークを実現できていることに注意してください。またもしかしたらネットワークが "9" に対するもっと明確な規則を学習するためには、さらに多くの訓練データが必要だということなのかもしれません。

逆方向の照会を使って、ニューラルネットワークの心の中を覗いてみました。滅多にできないような考察を行うことができました。

3.3 回転による新しい訓練データの作成

　MNIST 訓練データは、手書き数字のかなり大規模なデータセットです。手書きのあらゆる種類のスタイルがそこにあります。良いものも悪いものもあります。

　ニューラルネットワークは、できるだけ多くの数字の変形を学習しなければなりません。例えば訓練データに数字 "4" の多くの形があれば、数字 "4" の認識に役立ちます。あるものは押しつぶされ、あるものは幅が広く、あるものは回転し、あるものは開いた上部を持ち、あるものは閉じている、そういった色々な形の画像が望まれます。

　もしそうなら、さらに多くのバリエーションを持つデータが作成できたら役に立つはずです。では、どうしたら作成できるのでしょうか？ 人間の手書き数字のデータをさらに集めることは容易ではありません。できるかもしれませんが、それは非常に面倒です。

　1つのアイデアとして、既存のデータを取り出し、それを時計回りと反時計回りに10°回転させた新しいデータを作成することが考えられます。各訓練データについて、さらに2つのデータを追加することができます。回転角度の異なるデータをさらに多く作成することもできますが、とりあえず ＋10°と-10°を試してみましょう。

　Python が持つ多くの拡張機能とライブラリが再び役に立ちます。ndimage.interpolation.rotate() [2] は、指定された角度だけ配列を回転さ

[2] http://docs.scipy.org/doc/scipy-0.16.0/reference/generated/scipy.ndimage.interpolation.rotate.html

せることができます。ここでの入力は長さ 784 の1次元のリストであることに注意してください。これは、ニューラルネットワークが入力信号をリストで与えるように設計しているからです。このリストを回転させるには 28×28 の配列に形を変える必要があります。そしてその回転した結果を再び長さ 784 のリストに戻してから、ニューラルネットワークに入力します。

次のコードは元の画像 scaled_input リストがあると仮定して、関数 ndimage.interpolation.rotate() をどのように使用するかを示しています。

```
# 回転した画像の作成
# 反時計回りに10°回転
inputs_plus10_img = scipy.ndimage.interpolation.
    rotate(scaled_input.reshape(28,28), 10, cval=0.01,
    reshape=False)
# 時計回りに10°回転
inputs_minus10_img = scipy.ndimage.interpolation.
    rotate(scaled_input.reshape(28,28), -10, cval=0.01,
    reshape=False)
```

リスト scaled_input は 28×28 の配列に再構成され、次にrotate により回転されます。パラメータ "reshape=False" を指定すると、回転させた後に、画像を欠落させずに、画像がつぶれるのを防げます。cval は配列要素を埋めるために使用される値です。これは元の画像には存在しないが、回転により表示することになった点を埋める値です。ここではデフォルト値の 0.0 ではなく 0.01 を使います。なぜならニューラルネットワークへの入力が 0 になるのを避けるためです。

簡易版の MNIST 訓練データの第7番目のデータは、手書き数字の "1" です。次の図はオリジナルの画像と、上記のコードで生成された追加の画像です。

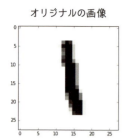
オリジナルの画像

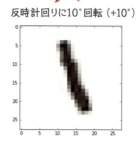
反時計回りに10°回転（+10°）

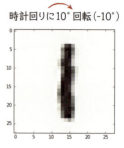
時計回りに10°回転（-10°）

　この手法の利点は明らかです。+10°回転された画像は 1 を傾けて書く癖を持った人のデータを提供しています。さらに興味深いのは、-10°回転した画像です。これは元の画像よりも 1 の線がまっすぐです。ある意味、この画像の方がより代表的な画像として、学習に利用できます。

　オリジナルのニューラルネットワークコードを使用して新しい Python Notebookを作成しましょう。ただし、元の画像を 10°両方向に回転させて作成したデータを訓練データに追加します。このコードは次のリンクからダウンロード可能です。

https://github.com/makeyourownneuralnetwork/makeyourownneuralnetwork/blob/master/part3_neural_network_mnist_data_with_rotations.ipynb

　学習率を 0.1 に設定し、エポックが 1回のみの実行では、結果として得られた精度は **0.9669** でした。追加の回転画像なしでの精度は 0.954 なので、この結果は堅実な改善と言えます。またこの精度は、Yann LeCunn のウェブサイト [3] に掲載されているものよりも優れています。

　精度をさらに高められるか確認するために、エポックの数を変えて一連の実験を行いましょう。以前よりも大きな訓練データを使うので、学習率を **0.01** に下げます。こうすることで、学習時間を全体的に延ばし、より慎重な学習を行うことができます。

---

[3]　http://yann.lecun.com/exdb/mnist/

特定のニューラルネットワークアーキテクチャや訓練データの完全性のために固有の制限がありそうなので、精度が100%になることは期待していません。多分98%を超えることは決してないでしょう。また「特定のニューラルネットワークアーキテクチャ」とは、各層のノードの選択、隠れた層の選択、活性化機能の選択などを意味します。

以下は追加の回転画像の角度を変更して、精度を調べたグラフです。比較を容易にするために、回転させたデータを追加しない場合の精度も示します。これは回転角度が0の場合のものです

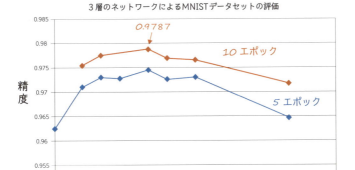

5エポックで**0.9745** つまり97.5%の精度が最良の結果でした。この値は以前得られた最高精度よりも良い値です。

大きな角度の場合、精度が下がる点は重要です。大きな角度は、実際に数字を表さない画像を作成することを意味するので、ある意味当然です。数字の3を90°傾けた画像を想像してください。それはもはや3ではありません。したがって、過剰に回転した画像を訓練データに追加すると学習の質が下がってしまいます。追加のデータの価値を最大にするためには、10°が最適な角度のようです。

10エポックの精度は **0.9787** であり、ほぼ **98%** の最高精度を得ました。この種のシンプルなネットワークとしては、素晴らしい結果です。ここではネットワークやデータに対して何かおかしな工夫などはしていません。シンプルさを保ちながら、誇りうる結果を達成しました。

よくやりました！

付録 A

微分の
やさしい導入

■付録 A - 微分のやさしい導入

　1時間に30マイル *1) の一定の速度で滑らかに巡航する車に乗っていることを想像してください。次にアクセルを踏むことを想像してください。もしアクセルを踏み続けると、スピードは時速35マイル、時速40マイル、時速50マイル、そして時速60マイルと増加していきます。

車の速度が**変わる**のです。

　この章では、車の速度のように何かが変化するという考え方と、その変化を数学的に取り扱う方法を探究します。数学的とはどういう意味でしょうか？物ごと同士がどのように関連しているかを理解するという意味です。数学的に取り扱うことができれば、あるものの変化が別のものの変化にどのように影響しているのかを正確に調べることができます。例えば時計の時間が変わるのと、車の速度が変わる関係です。あるいは雨量により変化する植物の高さ、または、異なる量の引っ張り力を加えるときに変化する金属バネの伸長などです。

　これは数学では微分と呼ばれています。この章を微分と呼ぶのはためらいました。なぜなら多くの人は、微分は回避されるべき難解で恐ろしいテーマだと思っているように見えるからです。ただそれは本当に残念なことです。悪い教えやひどい学校の教科書のせいです。

　この付録の最後で、物ごとがどのように変化するかを数学的に正確な方法で記述します。なぜならすべての計算がそうなっているからです。多くの役に立つ話をします。それほど難しくはありません。

　仮に学校ですでに微分を学んでいたとしても、この章は読む価値があります。なぜなら微分が歴史上どのように発明されたかが理解できるからです。先駆的な数学者によって使用されたアイデアやツールは、将来異なるタイプの問題を解こうとするときに本当に役立ちます。

*1)　1マイルは約1.61 km

ライプニッツ（Gottfried Leibniz）とニュートン（Sir Isaac Newton）の2人はどちらも微分を最初に発明したと主張しています。歴史的な殴り合いを楽しむなら、彼らのドラマを見てください。

ゴットフリート・ライプニッツ

アイザック・ニュートン

A.1　平らな直線

最初に、落ち着いて準備を整えるために、非常に簡単な話から始めましょう。

もう一度先ほどの車を想像してください。今、時速30マイルの一定速度で巡航しています。速くも遅くもなく、ちょうど 時速30マイル（30[マイル/時]）です。

以下は 30 秒ごとに測定された速度の表です。

時間(分)	速度(マイル/時)
0.0	30
0.5	30
1.0	30
1.5	30
2.0	30
2.5	30
3.0	30

次のグラフはこの表を視覚化したものです。

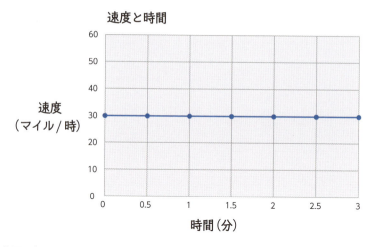

時間の経過とともに速度が変化しないことがわかります。そのため水平な直線です。それは上がり（速くなる）も下がり（遅くなる）もしません。ちょうど、時速 30 マイルで一定です。

速度 s に対する数式は次のようになります。

$$s = 30$$

もし誰かが時間の経過とともにスピードがどのように変化するかと聞いた

ら、変化はしないと答えるでしょう。変化率はゼロです。別の言葉で言えば、速度は時間に依存しません。依存関係はゼロです。

これは微分を行ったのです！ 本当です。

微分は、あるものが変化する結果として、別のものがどのように変化するかを確立した理論です。ここでは**時間が変化すると速度がどのように変化するか**を考えています。

これを記述する数学的方法があります。以下です。

$$\frac{\partial s}{\partial t} = 0$$

これらの記号は何でしょうか？ 左辺は「時間が変わると速度がどのように変化するか」あるいは「**s** は **t** にどのように依存するか」を意味する記号です。

先の式は「速度が時間とともに変化しない」ことを述べる数学者の簡潔な方法です。別の言い方をすると、時間の経過はスピードに影響しません。速度の時間依存性はゼロです。これが式の右辺の 0 の意味です。時間と速度は完全に独立しています。これは理解できるでしょう。

実際に、速度 **s** = 30 に対してこの式を再度確認すれば、この独立性がわかります。そこには時間についての言及は全くありません。つまり、その式には記号 t が含まれていません。ですので ∂**s** / ∂**t** = 0 を扱うのに、おかしな微分を行う必要はありません。式を見るだけでそれを解釈することができます。数学者はこれを「検査によって」呼びます。

変化率を説明する ∂**s** / ∂**t**のような式は**導関数**と呼ばれます。ここでは、この用語を知っておく必要はありませんが、どこか別の場所でその言葉に出会うかもしれません。

では、アクセルを踏むとどうなるかを見てみましょう。興奮します。

A.2 傾斜のある直線

　同じ車が時速30マイルで走っていると想像してください。アクセルを静かに踏むと車は加速します。アクセルを踏み続け、ダッシュボードの速度計を見て、30秒ごとに速度を記録します。

　30秒後、車は時速35マイルになります。1分後に車は時速40マイルになります。90秒後には時速45マイルになり、2分後には時速50マイルになります。車は1分ごとに時速10マイルのスピードアップを続けます。

　次の表にこの情報がまとめられています。

時間(分)	速度(マイル/時)
0.0	30
0.5	35
1.0	40
1.5	45
2.0	50
2.5	55
3.0	60

　これをもう一度グラフにしてみます。

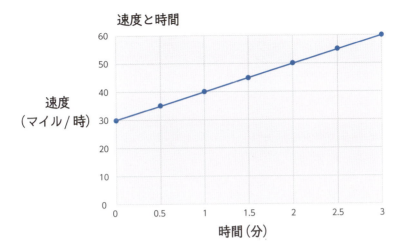

　速度は毎時30マイルから毎時60マイルまで一定の割合で増加していることがわかります。一定の割合です。なぜなら速度の増分が30秒ごとに同じであり、速度が直線になるからです。

　速度に対する式はどうなるでしょうか？ まず時間 0 分で速度は30 [マイル/時] でなければなりません。その後毎時10マイルずつ増加します。式は次のようになります。

$$速度 = 30 + (10 * time)$$

ここでの記号を使うと以下です。

$$s = 30 + 10t$$

　この式には定数 30 があります。また毎分10 [マイル/時] を増加することを意味する $10 * t$ もあります。プロットした線の勾配が 10 であることはすぐにわかります。直線の一般的な形は **y = ax + b** であることを思い出してください。ここで a は**傾き**または**勾配**です。

　時間の経過とともに速度がどのように変化するかについての式はどうなるでしょうか？ それはすでに話したことです。毎分10 [マイル/時] 速度が上がります。

■付録 A - 微分のやさしい導入

$$\frac{\partial s}{\partial t} = 10$$

この式が意味することは、速度と時間の間に依存関係があるということです。これが $\partial s / \partial t$ がゼロでない理由です。

直線 **y = ax + b** の傾きは **a** だったので、**s** = 30 + 10 t の傾きは 10 となることが「検査によって」わかります。

ここまで微分の基礎をたくさん扱いました。それらは全く難しくはありませんでした。

さあ、アクセルをもっと強く踏みましょう！

A.3　曲線

静止してから車を始動し、アクセルを強く踏み、それを強く踏み続けたと想像してみてください。最初は動いていないので、開始速度は 0 [マイル/時]であることは明らかです。

アクセルを強く踏むので、一定の割合では速度が上がりません。一定の割合ではなく、もっと急激な形で速度が上がります。つまり、毎分10 [マイル/時]の追加で上がります。そしてアクセルを踏み続ける時間を長くするほど速度が上がります。

この例では、次の表に示すような毎分の速度が測定されたとします。

時間(分)	速度(マイル/時)
0	0
1	1
2	4
3	9
4	16
5	25
6	36
7	49
8	64

　よく観察してみれば、速度が時間の自乗になっていることに気づくでしょう。つまり時間が 2 での速度は $2^2 = 4$ であり、時間が 3 での速度は $3^2 = 9$、そして時間が 4 での速度は $4^2 = 16$、…以下同様です。

　この式も以下のように簡単に書くことができます。

$$s = t^2$$

　この車の速度の例は作為的ですが、微分を行う方法を実際によく説明しています。

　これを視覚化してみましょう。時間によって速度がどのように変化するかを見て取ることができます。

■付録 A - 微分のやさしい導入

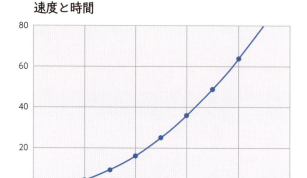

速度と時間

　速度が増す速さはこれまで以上に急激です。グラフは直線ではありません。速度はすぐに高い値へ爆発するように上昇しています。20分後に速度は 400 [マイル/時] になります。さらに100分で速度は 10,000 [マイル/時] になります！

　時間に対する速度の変化率はどれくらいでしょうか？ これは興味深い質問です。つまり速度は時間とともにどのように変化するのでしょうか？

　これは、特定の時間における実際の速度を尋ねるのと同じではありません。$s = t^2$ という式があるので、この答えはすでにわかっています。

　ここで尋ねているのは、ある時間における速度の変化率です。グラフがカーブしていますが、これは何を意味しているのでしょうか？

　前の2つの例に戻って考えると、変化率は時間に対する速度のグラフの傾きであることがわかりました。車が30[マイル/時]で巡航していたとき、速度は変化していなかったので1分あたり時速10マイル、つまり 10 [マイル/時]/分、変化率は 0 でした。車が絶え間なく速くなるとき変化率は 10 [マイル/時] /分 でした。そして 10 [マイル/時]/分 はどんな時点でも真実です。例えば時間が2分でも変化率は 10 [マイル/時]/分 です。そしてそれは 4分でも 100分でも同じく10 [マイル/時]/分 です。

この曲線的なグラフにも同じ考え方を適用できるでしょうか？ できます。ここでゆっくりそれを行ってみましょう。

A.4 手作業による微分

時間が3分で何が起こっているのかを詳しく見てみましょう。

時間が3分で、速度は9[マイル/時] です。その次の3分後にはもっと速度は上がります。この6分の時間で起こっていることを比較してみましょう。最初の 6分で速度は36[マイル/時] になります。さらにその6分後には速度はさらに上がります。

しかし、6分後の速度の増加分は3分後の速度の増加分よりも大きいでしょう。時間3分と時間6分に起こっていることには大きな違いがあります。

これを次のように視覚化してみます。

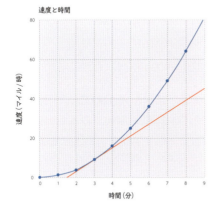
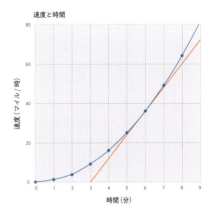

時間6分の勾配は時間3分の勾配よりも急であることがわかります。この勾配が変化率です。これは重要な点なので、もう一度言いましょう。任意の点における曲線の変化率は、その点における曲線の勾配です。

しかし、曲線の勾配はどのように測定できるのでしょうか？ 直線は簡単でしたが、曲線はどう測定するのでしょうか？ これは**接線**と呼ばれる直線を描くことによって求まります。接線により勾配を**推定**することができます。曲線上のある点の接線とは、その点で曲線に接している直線のことです。実際に昔の人々が接線をどのようにして求めていたかは興味深い点です。

では接線を求めてみましょう。この方法に親しみを感じるでしょう。次の図は、時間が6分における速度曲線に接する接線を持つ速度グラフを示しています。

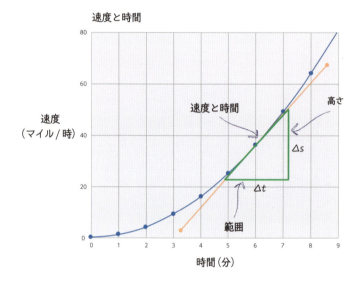

傾きや勾配を計算するには、学校の数学から、傾きの高さを範囲で割ればよいです。この図では、高さ（速度）は**Δs**で示され、範囲（時間）は**Δt**として示されています。**Δ**は「デルタ」と呼ばれる記号であり、小さな変化を意味します。ですので**Δt**はtの小さな変化です。

傾きは **Δs/Δt** です。傾きを計算するには、任意の大きさの三角形を選択し、高さと範囲を測定すればよいです。測定には定規が利用できます。私の測定では、ちょうど**Δs**が9.6、**Δt**が0.8の三角形があります。これは次のような傾きを与えます。

$$\text{時間 t での変化率} = \text{時間 t の勾配}$$
$$= \frac{\Delta s}{\Delta t}$$
$$= 9.6 / 0.8$$
$$= 12.0$$

重要な結果を得ました。時間6分での速度の変化率は 12.0 [マイル/時]/分 です。

熟練者に頼って、手で接線を引いても、正確ではないでしょう。もう少し洗練されたやり方を使いましょう。

A.5　手作業ではない微分

新しい直線が追加されている次のグラフを見てください。この直線は接線ではありません。1点でのみ曲線に触れているということがないからです。しかし、時間3分あたりを中央に置いているようです。

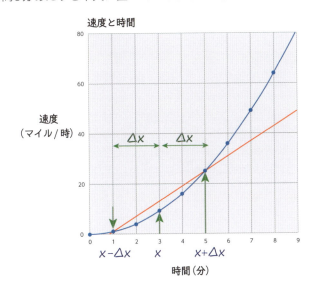

実際に、この直線は時間3分の点と関連があります。この直線を引くために、まず、関心のある点 **t** = 3 の上下の時間が選ばれます。ここでは、時間 **t** = 3分 の2分前後の点を選択しています。つまり**t** = 1 と **t** = 5 です。

数学的記法を使えば、**Δx = 2** として、点 **x - Δx** と点 **x + Δx** の2点を選択しました。記号**Δ**は「小さな変化」を意味するので、**Δx** は **x**の小さな変化です。

なぜこれをやったのでしょうか？ それはすぐに明らかになります。

時間が **x - Δx** と **x + Δx** における速度を得て、それら2点間に線を引くと、中点 **x** の接線とほぼ同じ勾配を持つものが得られます。先の図をもう一度見てこのことを確認してください。似てはいますが、**x** の真の接線と全く同じ勾配を持つというわけではありませんので、これを修正します。

この直線の勾配を計算しましょう。以前と同じやり方です。勾配は傾きの高さを範囲で割ったものです。次の図は高さと範囲を明確に示しています。

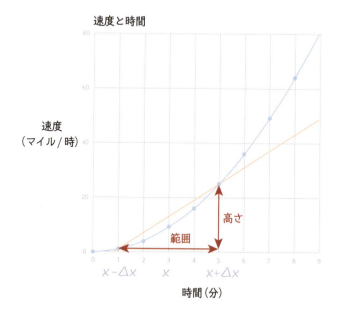

高さは時間 **x - Δx** と時間 **x + Δx** での2つの速度の差、つまり時間 1分の速度と時間 5分の速度との差です。範囲は **x - Δx** と **x + Δx** との差、つまり 1 と 5 の間の距離であり、これは 4 です。時間 **x - Δx** と時間 **x + Δx** での速度は $1^2 = 1$ [マイル/時] と $5^2 = 25$ [マイル/時] です。以上より、以下が求まります。

$$勾配 = \frac{高さ}{範囲}$$

$$= 24 / 4$$

$$= 6$$

つまり **t** = 3 の接線を近似する直線の勾配は 6 [マイル/時]/分 です。

ここで行ったことについて考えてみましょう。最初、曲線の接線を手で描くことで、曲線の勾配を求めました。このアプローチは正確ではありません。人間であれば飽きて、疲れて、そして間違えてしまうので、何度も行うことはできません。次のアプローチでは、接線を手で描く必要はありません。代わりに、接線とほぼ同じ勾配を持つ直線を求める手順を用います。この第2のアプローチは人間の手作業が入らないため、コンピュータによって自動化され、何度も迅速に行えます。

これは良い方法ですが、まだ十分ではありません。

この第2のアプローチは近似に過ぎません。近似でないようにするにはどうすればよいのでしょうか？ 結局のところ、物ごとの変化を処理する方法、つまり勾配を数学的な方法で正確に求める方法が必要です。

ここが魔法の起こるところです。数学者が開発したとても面白い道具があります。

範囲を小さくするとどうなるでしょうか？別の言い方をすれば、**Δx** を小さくするとどうなるでしょうか？次の図は、**Δx** を減少することから生じるいくつかの近似または勾配を示しています。

■付録 A - 微分のやさしい導入

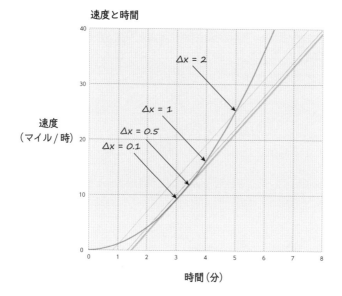

Δx = 2.0、**Δx** = 1.0、**Δx** = 0.5、**Δx** = 0.1 として直線を描いています。時間 3 の接線に近づいていることがわかります。**Δx**を小さくし続けると、直線は時間 3 で真の接線に近づきます。

Δx が無限に小さくなると、直線は真の接線に無限に近づきます。これはとてもクールです。

解を近似し、その差分を小さくして改善するというこのアイデアは非常に強力です。数学者はこのアイデアを使って、直接解くのが困難な問題を解くことができます。それは解に向かって直線的に向かっているのではなく、側面から解決策に忍び寄るようなものです。

A.6 グラフを描かずに微分

　以前、微分とは数学的に正確な方法により、あるものがどのように変化するかを記述することであると言いました。これらのもの、例えば車の速度曲線のようなもの、を定義する数学的表現に、小さな Δx という考え方を適用することで、それが実現できるかどうかを見てみましょう。

　要約すると、速度は時間の関数です。$s = t^2$ であることがわかっています。時間の関数として速度がどのように変化するかが問題です。ここではそれが t における s の傾きであることを見てきました。

　この変化率 $\partial s / \partial t$ は、高さを範囲で割ったものですが、ここで Δx を無限に小さくします。

　高さはいくつでしょうか？ 前に見たように $(t + \Delta x)^2 - (t - \Delta x)^2$ です。これは $s = t^2$ における t に t の上下から少しずれた時間を代入した式から出ます。このずれた少しが Δx です。

　範囲はいくつでしょうか？ 前に見たように、それは単純に $(t + \Delta x)$ と $(t - \Delta x)$ の間の距離で $2\Delta x$ です。

　もうすぐ答えです。以下が得られます。

$$\frac{\partial s}{\partial t} = \frac{高さ}{範囲}$$

$$= \frac{(t + \Delta x)^2 - (t - \Delta x)^2}{2\Delta x}$$

この式を展開して単純化しましょう。

$$\frac{\partial s}{\partial t} = \frac{t^2 + \Delta x^2 + 2t\Delta x - t^2 - \Delta x^2 + 2t\Delta x}{2\Delta x}$$

$$= \frac{4t\Delta x}{2\Delta x}$$

$$\frac{\partial s}{\partial t} = 2t$$

簡単な変形により、実際に上記のような簡単な式が得られました。

できました。数学的に正確な変化率は $\partial s / \partial t = 2t$ です。これは、任意の時間 **t** において、速度の変化率を式 $\partial s / \partial t = 2t$ から得られることを意味します。

t = 3 では $\partial s / \partial t = 2t = 6$ となります。これは以前に近似法を利用して出した値と一致しています。さらに **t** = 6 では $\partial s / \partial t = 2t = 12$ となります。これは以前に手書き直線から求めた値と一致しています。

t = 100 はどうですか？ $\partial s / \partial t = 2t = 200$ [マイル/時]/分。つまり100分後には、車は 200 [マイル/時]/分 でスピードアップしています。

ここで行ったことの有益性を考えてみましょう。ここでは任意の時点における車速の変化率を正確に知ることができる数学的表現が得られました。これまでの議論で行ったように、この式から **s** の変化率が時間に依存していることもわかります。

式がうまく簡略化できたことは幸運でした。しかし単純な式の $s = t^2$ では、意図的に **Δx** を小さくしようとしなくても接線が求まりました。ですので、車の速度がちょっとだけ複雑な別の例を試してみましょう。

$$s = t^2 + 2t$$

$$\frac{\partial s}{\partial t} = \frac{高さ}{範囲}$$

今度の高さはいくつでしょうか？ それは **t + Δx** で計算した **s** と **t - Δx** で計算した **s** の差なので **(t + Δx)² + 2(t + Δx) - (t - Δx)² - 2(t - Δx)** です。

範囲はどうですか？ これは単に **(t + Δx)** と **(t - Δx)** の間の距離であり ２**Δx** のままです。結局、変化率は以下です。

$$\frac{\partial s}{\partial t} = \frac{(t + \Delta x)^2 + 2(t + \Delta x) - (t - \Delta x)^2 - 2(t - \Delta x)}{2\Delta x}$$

上の式を展開して単純化しましょう。

$$\frac{\partial s}{\partial t} = \frac{t^2 + \Delta x^2 + 2t\Delta x + 2t + 2\Delta x - t^2 - \Delta x^2 + 2t\Delta x - 2t + 2\Delta x}{2\Delta x}$$

$$= \frac{4t\Delta x + 4\Delta x}{2\Delta x}$$

$$\frac{\partial s}{\partial t} = 2t + 2$$

素晴らしい結果です。ただ、残念ながら、またもや **Δx** を小さくしなくても簡単化されました。ただ、ここでの計算方法が必要な場合があるので、無駄な努力ではありません。

別の例を試してみましょう。これはそれほど複雑ではありません。車の速度を時間の3乗に設定しましょう。

■付録 A - 微分のやさしい導入

$$s = t^3$$

$$\frac{\partial s}{\partial t} = \frac{\text{高さ}}{\text{範囲}}$$

$$\frac{\partial s}{\partial t} = \frac{(t + \Delta x)^3 - (t - \Delta x)^3}{2\Delta x}$$

式を展開して単純化しましょう。

$$\frac{\partial s}{\partial t} = \frac{t^3 + 3t^2\Delta x + 3t\Delta x^2 + \Delta x^3 - t^3 + 3t^2\Delta x - 3t\Delta x^2 + \Delta x^3}{2\Delta x}$$

$$= \frac{6t^2\Delta x + 2\Delta x^3}{2\Delta x}$$

$$\frac{\partial s}{\partial t} = 3t^2 + \Delta x^2$$

これははるかに面白いです。**Δx** を含む結果が得られていますが、これは簡単化される前の形です。

Δx が無限に小さくなるときに、正しい勾配が得られることに注意してください。

ここが頭を使うところです。式 $\partial s / \partial t = 3t^2 + \Delta x^2$ の**Δx²**は、**Δx**が小さくなるにつれてどうなるのでしょうか？ それは消えます！ 不思議に感じるなら、**Δx** の値が非常に小さい場合を考えてください。その小さな値で**Δx²** を試してみると、さらに小さな値になります。そしてさらに小さな**Δx** の値を考えれば、**Δx²** はさらに小さな値になります。これを永遠に繰り返してゆけば、0 に近づきます。なので**Δx²** は直接 0にして、面倒を避けましょう。

248

以下が探していた数学的に正確な答えです。

$$\frac{\partial s}{\partial t} = 3t^2$$

素晴らしい結果です。今回は微分を行うために、強力な数学の道具を使用しましたが、それほど難しいことではありませんでした。

A.7 微分の規則

Δx を使って勾配を求め、Δx を小さくすると何が起こるのかを見るのは楽しいことですが、微分の規則があれば、この作業を行わずに結果を得ることができます。

まず、これまでに行った微分にパターンがあるかどうかを確認してください。

$$s = t^2 \quad \longrightarrow \quad \frac{\partial s}{\partial t} = 2t$$

$$s = t^2 + 2t \quad \longrightarrow \quad \frac{\partial s}{\partial t} = 2t + 2$$

$$s = t^3 \quad \longrightarrow \quad \frac{\partial s}{\partial t} = 3t^2$$

t の関数の導関数も同じ t の関数ですが、t の各べき乗は 1つ減少します。つまり、t^4 は t^3 になり、t^7 は t^6 になります。とても簡単です。そして t は t^1 であることに注意すれば、その微分は t^0 になります。これは 1 です。

■付録 A - 微分のやさしい導入

　3 や 4 や 5 のような定数は、単に消えます。a、b、c などの定数変数も、変化率がないので消えます。それが定数と呼ばれる理由です。

　しかし待ってください。t^2 は t ではなく $2t$ になりました。また $3t^2$ は t^2 ではなく $6t^2$ になりました。べき乗数が減少する前に、べき乗数が乗数として使われます。したがって $2t^5$ の場合、べき乗数 5 は、1減らされる前に乗数として使われるので、結局 $5 * 2t^4 = 10t^4$ となります。

　以上のパターンから、以下の強力な微分の規則が得られます。

$$y = ax^n \quad \longrightarrow \quad \frac{\partial y}{\partial n} = nax^{n-1}$$

　この新しい規則をマスターするために、以下の練習をやってみましょう。

$$s = t^5 \quad \longrightarrow \quad \frac{\partial s}{\partial t} = 5t^4$$

$$s = 6t^6 + 9t + 4 \quad \longrightarrow \quad \frac{\partial s}{\partial t} = 36t^5 + 9$$

$$s = t^3 + c \quad \longrightarrow \quad \frac{\partial s}{\partial t} = 3t^2$$

　上記の微分の規則は、微分を素早く行わせ、しかも広く必要とされるものです。ただし、この規則は多項式だけが対象です。つまり、**$y = ax^3 + bx^2 + cx + d$** のような式で、**sin(x)** や **log(x)** のような式を含まない式です。これは重大な欠陥ではありません。なぜならこの規則を使う微分には膨大な数の用途があるからです。

　しかし、ニューラルネットワークの場合は、もう1つ道具を追加する必要があります。

A.8 関数の関数

以下の関数を想像してみてください。

$$f = y^2$$

ここで **y** は以下の関数になっています。

$$y = x^3 + x$$

結局、$f = (x^3 + x)^2$ と書くこともできます。

y によって **f** はどのように変わるでしょうか？ つまり $\partial f / \partial y$ とはどうなるでしょうか？ これは、先ほど示した規則を適用すればよいので簡単です。$\partial f / \partial y = 2y$ です。

より興味深い質問は、**x** によって **f** はどう変わるかです。$f = (x^3 + x)^2$ を展開し、同じアプローチで解決できますが、素朴に $(x^3 + x)^2$ を $2(x^3 + x)$ とするのは間違いです。

以前のようなデルタのアプローチを使って、長く困難な式変形で勾配を求めたとしても、新たな規則となるパターンを見つけることはできません。ここでは直接答えを述べましょう。

以下の規則を使うのです。

$$\frac{\partial f}{\partial x} = \frac{\partial f}{\partial y} \cdot \frac{\partial y}{\partial x}$$

これは非常に強力な規則であり、連鎖律と呼ばれています。

■付録 A - 微分のやさしい導入

　ニューラルネットワークの場合、タマネギのような各層において微分を利用することで、各層の複雑さを解き放つことができます。$\partial f / \partial x$ を求めるには、まず $\partial f / \partial y$ を求め、次に $\partial y / \partial x$ を求めるのが簡単かもしれません。$\partial f / \partial y$ や $\partial y / \partial x$ が簡単に求められる場合、不可能と思われる式に対して微分を行うことができます。連鎖律は問題を小さな問題に分割することを可能にします。

　先ほどの例をもう一度見て、この連鎖律を適用してみましょう。

$$f = y^2 \quad と \quad y = x^3 + x$$

$$\frac{\partial f}{\partial x} = \frac{\partial f}{\partial y} \cdot \frac{\partial y}{\partial x}$$

　より簡単な部分に分割して、それぞれを解決します。最初は ($\partial f / \partial y$) = 2y です。次は ($\partial y / \partial x$) = $3x^2 + 1$ です。したがって連鎖律を使用してこれらを再結合すると、以下が得られます。

$$\frac{\partial f}{\partial x} = (2y) * (3x^2 + 1)$$

$y = x^3 + x$ だったので、これを代入して、x だけの以下の式を得ることができます。

$$\frac{\partial f}{\partial x} = (2(x^3 + x)) * (3x^2 + 1)$$

$$\frac{\partial f}{\partial x} = (2x^3 + 2x)(3x^2 + 1)$$

手品のようです！

f を展開して x の多項式にしてから、微分規則を適用した人がいるかもしれません。もちろん、こうすることもできましたが、難しい式では大変です。連鎖律を使えば、そのような難しい式でも微分を求めることができます。

最後に次の例を見てみましょう。この例は、他の変数とは無関係の変数を扱う方法を示しています。

関数は以下です。

$$f = 2xy + 3x^2z + 4z$$

ここで、x、y および z は互いに独立しています。独立しているとはどういう意味でしょうか？ x、y、z は任意の値にすることができ、他の変数に気を使う必要がないということです。つまり他の変数の変更の影響を受けないのが独立です。前の例では、y が $x^3 + x$ であったため、y は x に依存しており、独立ではありません。

$\partial f / \partial x$ はどうなるでしょうか？ f の長い式の各項を見てみましょう。最初の項は 2xy なので、微分は 2y です。なぜこんなに簡単なのでしょうか？ それは y は x に依存していないからです。$\partial f / \partial x$ が意味するのは、x が変化したときに f がどう変化するかということです。y が x に依存しない場合、定数のように扱うことができます。

続けましょう。次の項は $3x^2z$ です。多項式の微分の規則を適用して 2 * 3xz つまり 6xz を得ることができます。x と z は互いに独立しているので、z を 2 または 4、またはおそらく 100 のような退屈な定数として扱います。z の変化は x に影響しません。

最後の項 4z には x が全くありません。なので、それは 2 や 4 のような単純な定数のように扱えるので、完全に消えます。

以下が最終的な式です。

$$\frac{\partial f}{\partial x} = 2y + 6xz$$

この最後の例で重要なことは、独立していることがわかっている変数は自信を持って無視することです。これは、非常に複雑な式の微分を大幅に単純化し、ニューラルネットワークを取り扱うときには絶対に必要なテクニックです。

A.9　微分計算ができた

ここまでのことが理解できれば十分です。

この付録Aの記事で、微分とは実際は何であるのか、そしてそれが、徐々に良くなるという近似を使って発見されたものであることが理解できたと思います。通常の方法では解くことが難しい問題に対して、ここで学んだ方法を試みることができます。

ここでは 2つの手法を学びました。多項式の微分と連鎖律です。ニューラルネットワークが実際にどのように動いているのか、なぜそうなっているのかなどを理解するには、たくさんの微分が必要です。

ここで得た知識を活用してください。

付録 B

Raspberry Piで
やってみよう

■付録 B - Raspberry Pi でやってみよう

　この節の目標は Raspberry Pi（通称、ラズパイ）の上で IPython を動かすことです。

　これを行うにはいくつかの理由があります。

- Raspberry Piは、高価なラップトップよりもかなり安価で入手しやすく、多くの人が利用できます。
- Raspberry Piはオープンです。Raspberry Pi上では無料のオープンソースの Linux オペレーティングシステムと Python を含む多くの無料オープンソースソフトウェアが動作します。物ごとのしくみを理解し、仕事を分かち合い、他の人があなたの仕事を遂行できるようにするためには、オープンソースが重要です。教育においては、物ごとのしくみを学び独自のものを作ることであり、閉鎖的な独占所有権のあるソフトウェアを購入することを学ぶべきではありません。
- 上記の理由やその他の理由から、学校や家庭において、ソフトウェアやハードウェアのプロジェクトなどで、コンピューティングを学んでいる子供たちに人気があります。
- Raspberry Piは高価なコンピュータやラップトップほどパワフルではありません。ですから、Raspberry Pi上の Python を使用して、有益なニューラルネットワークを実装するのは面白くて価値のある課題です。

　Raspberry Pi Zero [*1)] は通常の Raspberry Piよりも安くて小さいので、その上でニューラルネットワークを稼働させるのはさらに価値があります。これは約 4 ポンド（約 5ドル、600〜700円）で購入できます。タイプミスではありません。本当です。
　右ページの写真がRaspberry Pi Zeroです。隣の硬貨と比べてみれば、かなり小さいことがわかります。

---

*1)　https://www.raspberrypi.org/blog/raspberry-pi-zero/

B.1 IPythonのインストール

　ここではRaspberry Piの電源が入っていて、キーボード、マウス、ディスプレイが接続されており、インターネットへのアクセスが可能であることを仮定します。

　オペレーティングシステムにはいくつかの選択肢がありますが、人気のある Debian Linux ディストリビューションのバージョンである Raspian [*2)] は、Raspberry Pi上で動作することが正式に保証されています。多分、Raspberry Piを購入すると Raspian がインストールされていると思います。インストールされていない場合は、そのリンクの指示にしたがってインストールしてください。オペレーティングシステムのインストールについて確信が持てない場合は、あらかじめ Raspian がインストールされている SDカードを購入することもできます。

---

*2) https://www.raspberrypi.org/downloads/raspbian/

以下はRaspberry Piが起動したときに表示されるデスクトップです。私は少し気が散るので、デスクトップの背景イメージは削除しています。

メニューボタンは左上にはっきりと表示され、上部にはいくつかのショートカットが表示されます。

まずIPythonをインストールしましょう。そうすればWebブラウザを通じて、よりなじみのあるNotebookを使うことができます。ソースコードファイルやコマンドラインを気にする必要はありません。

IPythonを入手するには、コマンドラインで作業する必要がありますが、これは一度だけでよいです。この手順はとてもシンプルで簡単です。

黒いモニターのように見える上部のアイコンショートカットであるターミナルアプリケーションを開きます。その上にマウスを置くと、端末であることがわかります。実行すると、黒いボックスが表示されます。このボックスには、次のようなコマンドを入力します。

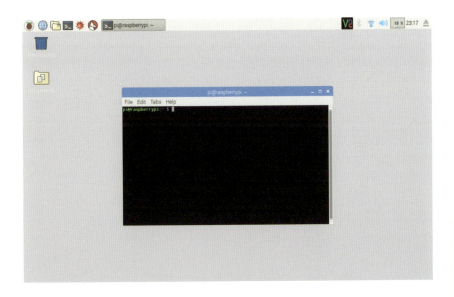

　Raspberry Piでは通常のユーザーがシステムに深刻な変更を加えるコマンドを発行することができない形になっています。まず特別な権利を引き受けなければなりません。端末に次のように入力します。

```
sudo su -
```

　プロンプトがハッシュ文字 '#' に変わっているはずです。以前はドル記号 '$' でした。これはあなたが特別な権利を持っていることを示しています。

　以下のコマンドは、現在のソフトウェアのリストをリフレッシュし、インストールされているものを更新し、必要に応じて追加のソフトウェアを導入するものです。

```
apt-get update
apt-get dist-upgrade
```

　しばらくソフトウェアを更新していないなら、更新が必要なソフトウェアが存在する可能性があります。かなり多くのテキストが流れてきますが、無視しても問題ありません。また 'y' を押して更新を確認するように指示されること

がありますが、気にせずに 'y' を押せばよいです。

　これでRaspberry Piが最新の状態になったので、IPython を入手するコマンドを発行します。執筆時点では、Raspian のソフトウェアパッケージには、先ほど作成したNotebookと連携して誰かが見たりダウンロードしたりできるような、最新バージョンの IPython は含まれていないようです。もしそうならば、簡単に "apt-get install ipython3 ipython3-notebook" などを発行するだけです。

　これらのNotebookを github から実行したくない場合は、Raspberry Pi のソフトウェアリポジトリにある古いバージョンの IPython とNotebookを使用できます。

　最新の IPython とNotebookソフトウェアを実行したい場合は、Python Package Index から最新のソフトウェアを入手するために、"apt-get" に加えていくつかの "pip"コマンドを使用する必要があります。違いは、ソフトウェアがPython (pip) で管理され、オペレーティングシステムのソフトウェアマネージャ (apt) で管理されていないことです。次のコマンドは、必要なもののすべてを取得します。

```
apt-get install python3-matplotlib
apt-get install python3-scipy

pip3 install jupyter
```

　流れていくテキストの後、作業は完了します。速度は使っているRaspberry Piのモデルとインターネット回線によって異なります。次ページの画面は上記を行ったときの私の画面です。

Raspberry Piは通常、デジタルカメラで使用するのと同じように、SDカードと呼ばれるメモリカードを使用します。メモリカードは通常のコンピュータと同じほどの容量はありません。次のコマンドを発行して、Raspberry Piを更新するためにダウンロードしたソフトウェアパッケージを削除しましょう。

```
apt-get clean
```

　最近のバージョンの Raspian はウェブブラウザ Epiphany を Chromium（人気のあるChromeブラウザのオープンソース版）に置き換えました。Epiphany は重い Chromium よりも軽く、小さなRaspberry Pi Zeroでもうまく動作します。後で IPython Notebookで使用するデフォルトブラウザとして設定するには、次のコマンドを発行します。

```
update-alternatives --config x-www-browser
```

　これにより、現在のデフォルトブラウザが何であるかがわかり、必要に応じて新しいブラウザを設定するように求められます。Epiphany に関連付けられた番号を選択すると完了です。

これで終わりです。カーネルのアップデートのように、Raspberry Piの中核に変更があるなど、特に重要な変化があった場合は、Raspberry Piを再起動してください。Raspberry Piを再起動するには、左上のメインメニューから"Shutdown …" オプションを選択し、次に示すように "Reboot" を選択します。

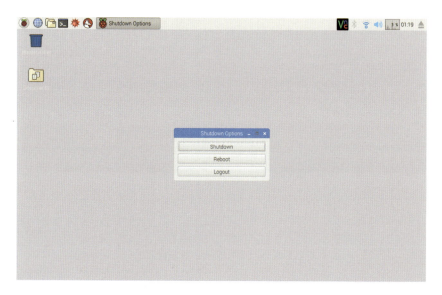

　Raspberry Piが再度起動した後に、ターミナルから次のコマンドを発行して IPython を起動してください。

```
jupyter-notebook
```

　これにより、新しい IPython Notebookを作成できる通常の IPython メインページを持つWebブラウザが自動的に起動します。Jupyter は、Notebookを実行するための新しいソフトウェアです。以前は "ipython3 notebook" コマンドを使用していました。このコマンドは移行期間中は動作します。次ページでは、標準的な IPython開始ページを示しています。

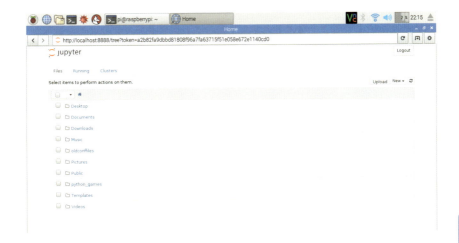

素晴らしいです！ これでRaspberry Pi上で動く IPython を手に入れました。

問題なく進めば、これで独自の IPython Notebookを作成することができます。しかしここでは本書で開発したコードが実行できることを示します。github からコードのNotebookと手書き数字の MNIST データセットを入手してください。新しいブラウザのタブで、次のリンクに移動します。

https://github.com/makeyourownneuralnetwork/makeyourownneuralnetwork

次に示すように github プロジェクトのページが表示されます。右上にある "Clone or download" をクリックした後、"Download ZIP" をクリックしてファイルを入手します。

■付録 B - Raspberry Pi でやってみよう

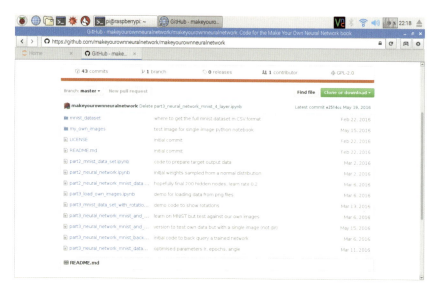

　Epiphany ではうまくいかない場合は、ブラウザに次のように入力してファイルをダウンロードします。

https://github.com/makeyourownneuralnetwork/makeyourownneuralnetwork/archive/master.zip

　ダウンロードが完了したら、ブラウザがそれを通知します。新しい端末を開き、次のコマンドを実行してファイルを解凍し、スペースを空けるために zip パッケージを削除してください。

```
unzip Downloads/makeyourownneuralnetwork-master.zip
rm -f Downloads/makeyourownneuralnetwork-master.zip
```

　ファイルは makeyourownneuralnetwork-master というディレクトリに解凍されます。もっと短い名前に変更するのは自由ですが、必要ではありません。

　github サイトには、MNIST データのより小さなバージョンのみが含まれています。なぜならサイトには非常に大きなファイルを置いておけないからです。完全なセットを取得するには、同じ端末で次のコマンドを発行して

mnist_dataset ディレクトリに移動してください。そこで CSV 形式の完全な訓練データとテストデータが取得できます。

```
cd makeyourownneuralnetwork-master/mnist_dataset
wget -c http://pjreddie.com/media/files/mnist_train.csv
wget -c http://pjreddie.com/media/files/mnist_test.csv
```

インターネット接続環境やRaspberry Piのモデルによってはダウンロードに時間がかかるかもしれません。

これで必要とするすべて IPython のNotebookと MNIST データが入手できました。先の端末は閉じますが、IPython を起動した方の端末は閉じないでください。

IPython の開始ページを持つ Webブラウザに戻ると、リストに新しいフォルダ makeyourownneuralnetwork-master が表示されています。それをクリックして内側に移動します。他のコンピュータ上でも同じようにどのNotebookも開くことができます。以下はそのフォルダ内のNotebookを示しています。

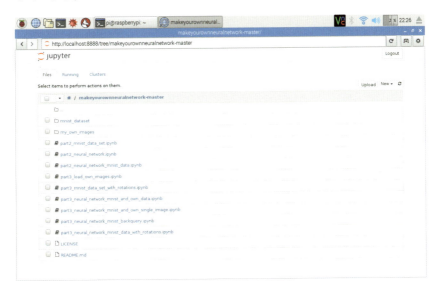

B.2 動くことの確認

ニューラルネットワークを学習してテストを行う前に、まずファイルの読み込みや画像の表示など、さまざまなものが動作することを確認してみましょう。これらのタスクを実行する "part3_mnist_data_set_with_rotations.ipynb" というNotebookを開きましょう。Notebookが開くと、以下のようにプログラムを実行する準備ができているはずです。

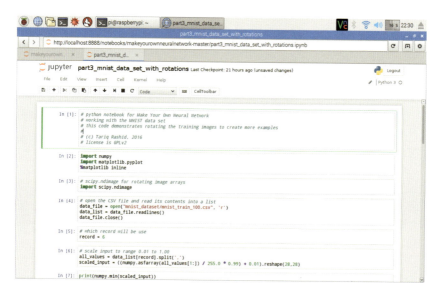

"Cell" メニューから "Run All" を選択して、Notebookのすべての指示を実行します。最新のラップトップよりも時間がかかりますが、しばらくしたら、回転した数字の画像を取得するでしょう。

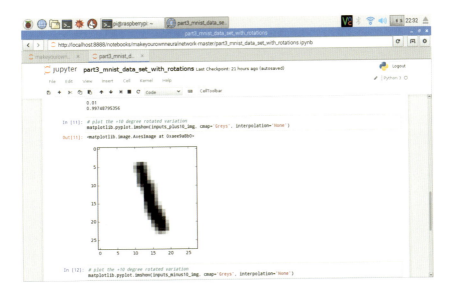

　これはファイルからデータをロードすること、配列や画像を扱うための Python の拡張モジュールをインポートすること、グラフィックスをプロットすることなどいくつかのことが動作していることを示しています。

　Fileメニューから "Close and Halt" を選択し、Notebookを閉じましょう。ブラウザのタブを閉じるのではなく、Notebookを閉じてください。

 ## ニューラルネットワークの学習とテスト

　ニューラルネットワークの学習を試してみましょう。"part2_neural_network_mnist_data" と名前の付いたNotebookを開いてください。それは基本的なバージョンのもので、回転画像のような面白いことは何も行っていません。Raspberry Piは典型的なラップトップよりもかなり遅いので、必要とする計算の量を減らすために、いくつかのパラメータを減らしています。そうすることで時間を無駄にせずにコードが動作することを確認できます。

　隠れ層のノードの数を10に、エポック数を 1 に減らしました。以前に作成

した小さなサブセットではなく、完全な MNIST 訓練データとテストデータを使います。"Cell" メニューから "Run All" を実行してください。その後待ちます。

私のラップトップでは約1分で終わりましたが、Raspberry Pi Zeroでは約25分かかりました。私のラップトップの値段がRaspberry Pi Zeroの400倍くらいであることを考慮すれば、この処理時間はとても遅いというわけではありません。一晩中かかると思っていました。

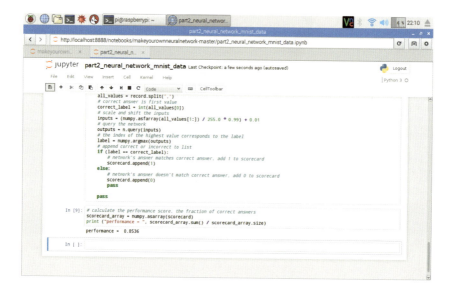

 Raspberry Piで成功！

少し遅いことは確かですが、約4ポンド（約5ドル：600〜700円）のRaspberry Pi Zero上でもIPython Notebookは十分に動作します。これでRaspberry Piを使って、ニューラルネットワークの学習とテストのためのコードを作成できます。

エピローグ

　本書を通して、人間が解決するのは容易だが、従来のコンピュータのアプローチでは困難な問題がどういったものかを見ていただければと思いました。「人工知能」の1つの課題である画像認識はそういった問題の例となっています。

　ニューラルネットワークは、画像認識に大きな進歩をもたらし、他の種類の困難な問題にも適用されてきています。ニューラルネットワークの初期の発想の重要部分は、今日の巨大なスーパーコンピュータよりも単純で遅い生物の頭脳（ハトや昆虫の脳など）が、なぜ飛行、餌付けあるいは営巣のような複雑な作業ができるのかというパズルでした。またこれらの生物学的な脳は損傷あるいは不完全な信号に対して非常に柔軟性があるように見えます。デジタルコンピュータと従来の計算方法は、このような性質を持っていません。

　今日、人工知能が素晴らしい成果を上げていますが、その中心となるものはニューラルネットワークです。ニューラルネットワークと機械学習、特に機械学習の階層が使用される深層学習には大きな関心が継続してもたれています。2016年初頭、GoogleのDeepMindは古くからあるゲームの囲碁の世界チャンピオンを破りました。これは人工知能における非常に画期的出来事です。なぜなら囲碁はチェスよりもずっと深い戦略とニュアンスを必要とするゲームだからです。研究者はコンピュータが囲碁を上手に打つには何年もかかると考えていました。ニューラルネットワークはこの成功に重要な役割を果たしていました。

　本書を読み終わり、ニューラルネットワークの背後にある核となる考え方が、実際には非常に単純なものであることを理解してもらえていればうれしいです。そしてニューラルネットワークを使って楽しい実験を実際に行ってくれていることも願っています。おそらく他の種類の機械学習や人工知能についても興味を持ったと思います。

　もしこれらのことができていれば、この本は成功です。

INDEX：索引

[記号・英数字]

/= 175
+= 175
Δ（デルタ）........................... 35, 233
3 層 55
AND 42
Chromium 261
e（ネイピア数）........................ 52
Epiphany 261
expit() 163
import 140
imshow() 144, 181
IPython 125, 258
Jupyter 262
lambda 163
len() 181
logit 関数 220
matplotlib.pyplot 143
MNIST データベース 175
ndimage.interpolation.rotate() 224
Notebook 125, 127
numpy 140
numpy.argmax() 196
numpy.asfarray() 181
numpy.random.normal() 160
numpy.random.rand() 158
OR 42
pow() 161
Python 124
Raspberry Pi 124, 256
Raspberry Pi Zero 256
Raspian 257
readlines() 180
scipy.misc 215
scipy.misc.imread() 215
scipy.special 163
scipy.special.expit() 220
scipy.special.logit() 220, 221
XOR 45
Yann LeCun 176, 204

[あ・か行]

閾値 50
エポック 202
オブジェクト 145
重み 59, 158
学習 154
学習率 39
隠れ層 71
活性化関数 51
関数 Python 127
機械学習 39
行列 63

行列の掛け算	91
勾配降下法	98
誤差	34
誤差関数	104
誤差関数の傾きの式	109, 115
誤差逆伝播	82, 86, 91

[さ・た行]

シグモイド関数	52, 59, 117
出力層	71
照会	154
初期化	154
信号	54
人工知能	9
正規分布	160
線形関数	50
線形分類器	42
単純な分類器	31
手書き文字	175, 214
転置行列	93
導関数	233

[な・は行]

ニューラルネットワーク	10
ニューラルネットワークの学習	267

ニューラルネットワークの活性化関数	109
ニューラルネットワークの心の中	218
ニューラルネットワークの飽和	118
入力層	71
ニューロン	10, 48, 54
ノード	55
排他的 OR	45
配列	140
反復	26
微分	108, 230
ブール論理関数	42
ブルートフォース法	96
分類直線	44
平滑化	39
ベクトル化	91

[ま・や・ら行]

モデレート	39
予測マシン	20
ライプニッツとニュートン	230
リンクの重み	73, 83, 86
リンクの重み行列	160
連鎖律	109, 251
ロジスティック関数	52
論理積	42
論理和	42

[著者] Tariq Rashid（タリクラシド）
イギリス生まれのイギリス育ち。子供のころ、近所の図書館でフラクタル数学とBBC Microのプログラミングに関する本を読み漁った。物理学の学位と機械学習、データマイニングの修士号を取得。現在はPythonやRを活用したデータ・テキスト分析を行う。イギリス国政府のオープンソース活用を先導し、London Python meetupグループを率いている。難しいことを美しいほど画期的なアイデアで、誰もが理解でき感謝されるほどシンプルにすることを個人的な使命としている。

[監訳] 新納浩幸（しんのうひろゆき）
1961年生まれ。東京工業大学大学院理工学研究科情報科学専攻修士課程修了。現在、茨城大学工学部情報工学科教授、博士（工学）。専門は自然言語処理。主な著書に『数理統計学の基礎—よくわかる予測と確率変数』（森北出版、2004）、『入門Common Lisp—関数型4つの特徴とλ計算』（マイナビ出版、2006）、『Chainerによる実践深層学習』（オーム社、2016）がある。

編集担当：山口正樹
カバーデザイン：海江田 暁（Dada House）
DTPデザイン：Dada House

ニューラルネットワーク自作入門

2017年 4月25日　初版第1刷発行
2018年 5月 1日　　　第6刷発行

著者 ………… Tariq Rashid
監訳 ………… 新納 浩幸
発行者 ……… 滝口直樹
発行所 ……… 株式会社 マイナビ出版
　　　　　　　〒101-0003 東京都千代田区一ツ橋2-6-3 一ツ橋ビル2F
　　　　　　　TEL：0480-38-6872（注文専用ダイヤル）
　　　　　　　　　03-3556-2731（販売部）
　　　　　　　　　03-3556-2736（編集部）
　　　　　　　E-mail：pc-books@mynavi.jp
　　　　　　　URL：http://book.mynavi.jp
印刷・製本 …… 株式会社ルナテック

ISBN 978-4-8399-6225-8

・定価はカバーに記載してあります。
・乱丁・落丁はお取り替えいたしますので、TEL：0480-38-6872（注文専用ダイヤル）、
　もしくは電子メール：sas@mynavi.jpまでお願いいたします。
・本書は著作権法上の保護を受けています。本書の一部あるいは全部について、
　著者、発行者の許諾を得ずに、無断で複写、複製することは禁じられています。